·图解·
铝合金门窗
实用速查手册

王志鸿　李　平　编著

U0201483

化学工业出版社

·北京·

内容简介

本手册以"便携、速查"为出发点，力求图、文、表并茂，全面介绍了铝合金门窗基础与发展现状、铝合金门窗设计、铝合金门窗型材、铝合金门窗玻璃、五金配件以及铝合金门窗制造、组装和安装与施工等。无论是高手，还是菜鸟，都能通过本书快速掌握集成铝合金门窗先进技术与成熟新工艺、新技能。本书各章节均附带配套二维码，读者可用手机扫码直接下载，方便阅读和使用。

本书适合正在从事或希望从事铝合金门窗加工与施工人员、承包商、经销商等阅读，可供对铝合金门窗行业感兴趣的自学者、创业人员、物业管理人员等参考，还可作为建筑装饰、艺术设计专业师生的教学参考书或教材使用。

图书在版编目（CIP）数据

图解铝合金门窗实用速查手册／王志鸿，李平编著.—北京：
化学工业出版社，2021.3（2024.2重印）
ISBN 978-7-122-38437-9

Ⅰ.①图… Ⅱ.①王…②李… Ⅲ.①铝合金-门-造型设计-手册②铝合金-窗-造型设计-手册③铝合金-门-生产工艺-手册④铝合金-窗-生产工艺-手册 Ⅳ.①TU228-62②TU758.16-62

中国版本图书馆CIP数据核字（2021）第019044号

责任编辑：朱　彤　　　　　　　　　　装帧设计：刘丽华
责任校对：李雨晴

出版发行：化学工业出版社（北京市东城区青年湖南街13号　邮政编码100011）
印　　装：北京建宏印刷有限公司
787mm×1092mm　1/16　印张9¼　字数201千字　2024年2月北京第1版第4次印刷

购书咨询：010-64518888　　　　　　售后服务：010-64518899
网　　址：http://www.cip.com.cn
凡购买本书，如有缺损质量问题，本社销售中心负责调换。

定　　价：58.00元

前言

　　门窗是建筑装饰工程的重要组成部分，也是建筑室内、室外空间沟通的重要构件。门窗的设置较为显著地影响着建筑工程的形象特征，对于建筑物的采光、通风、节能和安全等均具有非常重要的作用，还能发挥美观、拓宽视野等多方面优势。现代建筑门窗面积大约占建筑物外立面面积的50%以上。

　　随着科学技术的不断发展，门窗由过去单一的木门窗发展到钢门窗、塑钢门窗、彩板门窗、铝合金门窗、不锈钢门窗等多种形式。其中，铝合金门窗与相关材料的应用范围不断扩大，逐渐居于主导地位。近年来，为适应国家节能政策的要求，铝合金门窗行业不断通过推陈出新和产品升级，缩小了与国际先进水平的差距，进入了高水平、高质量发展的阶段。基于多方面因素和要求，节能环保型铝合金门窗正在成为未来铝合金门窗行业发展的主要趋势，铝合金门窗行业正在从过去零散经营的状况逐渐步入规模化生产、多品牌营销和产品多样化时代。

　　本书以满足读者对铝合金门窗设计、制作、安装等实际需要为目的，全方位介绍了铝合金门窗各类知识，涵盖铝合金门窗基础与发展现状、铝合金门窗设计、铝合金门窗型材、铝合金门窗玻璃、五金配件以及铝合金门窗制造、组装和安装与施工等多个环节，形成完善的知识点，将复杂的设计过程与材料选配简化表述，注重读者对铝合金门窗的体验感，在安装环节则注重便携工具的使用方法与操作技能，让更多没有门窗安装基础的从业人员都能快速上手，掌握要领。全书通过对每一个环节的详细介绍，以全图解的方式，穿插大量表格数据、结构图和工艺流程图，以方便读者查阅、借鉴，是一本图解铝合金门窗实用速查工具书。特别需要说明的是，本书各章节均附带配套二维码，读者可用手机扫码直接下载，方便阅读和使用。

　　本书由王志鸿、李平编著。参与本书工作的其他人员还有金露、万丹、张泽安、万财荣、杨小云、朱钰文、刘沐尧、高振泉、汤宝环、黄缘、陈爽、黄溜、湛慧、朱涵梅、万阳、张慧娟、汤留泉、牟思杭、孙雪冰。

　　由于时间和水平有限，疏漏之处在所难免，敬请广大读者批评、指正。

编著者

2021年6月

Ⅰ

目 录

第一章

铝合金门窗基础与发展现状

第一节　基本概念..................2
　　一、铝合金门窗专业术语........2
　　二、门窗框扇常见结构名称.....3

第二节　常见门窗、铝合金门窗
　　　　分类与铝合金特性........4
　　一、常见门窗的分类.................4
　　二、铝合金门窗的分类.................9
　　三、铝合金与铝合金门窗特性....11

第三节　我国铝合金门窗的发展与
　　　　现状.................12
　　一、大投入、规模化生产........12
　　二、多品牌营销......................12
　　三、基础延伸、产品多样化.....12

第二章

建筑铝合金门窗设计

第一节　铝合金门窗的设计要求...14
　　一、建筑风格与构造设计........14
　　二、门窗与外观设计.................15
　　三、铝合金门窗性能设计........17

第二节　铝合金门窗结构设计......23
　一、力学设计......23
　二、玻璃设计......24
　三、连接设计......24
第三节　铝合金门窗节能设计......25
　一、玻璃节能......25
　二、断桥铝合金型材节能......25
　三、双（多）层结构体节能......25
　四、遮阳体系节能......25

　一、阳极氧化处理工艺......38
　二、电泳涂漆处理工艺......40
　三、喷涂处理工艺......42
第四节　断桥铝合金门窗型材
　　　　选用......45
　一、断桥铝合金型材......45
　二、断桥铝合金型材的优点......45
　三、铝木复合型材......46

第三章

铝合金门窗型材

第一节　铝合金门窗材料与要求..28
　一、铝合金门窗主要材料......28
　二、铝合金门窗型材基本要求...28
　三、玻璃基本要求......31
　四、五金件基本要求......33
　五、排水孔基本要求......33
第二节　铝合金型材生产工艺......34
　一、热挤压型材生产工艺......35
　二、穿条式隔热型材生产工艺...36
　三、浇注式隔热型材生产工艺...37
第三节　铝合金型材表面
　　　　处理工艺......38

第四章

铝合金门窗玻璃

第一节　平板玻璃......49
　一、平板玻璃分类......49
　二、生产工艺......52
第二节　钢化玻璃......54
　一、钢化玻璃分类......54
　二、生产工艺......54
　三、性能要求......55
第三节　镀膜玻璃......57
　一、阳光控制镀膜玻璃......57
　二、低辐射镀膜玻璃......59
第四节　吸热玻璃......60
　一、吸热玻璃规格......60
　二、吸热玻璃性能要求......60
第五节　中空玻璃......62
　一、中空玻璃分类......62
　二、生产工艺......64
　三、性能要求......66
第六节　铝合金门窗玻璃选用
　　　　原则......66
　一、玻璃的功能性......67
　二、玻璃的安全性......68
　三、玻璃的经济性......69

第五章
五金配件

第一节　执手 **71**
　　一、旋压执手 71
　　二、传动执手 71
　　三、双面执手 72

第二节　铰链、滑撑、撑挡 **73**
　　一、铰链 73
　　二、滑撑 75
　　三、撑挡 76

第三节　滑轮 **77**
　　一、滑轮概述 78
　　二、滑轮分类 79

第四节　锁闭器 **79**
　　一、单点锁闭器 79
　　二、多点锁闭器 81
　　三、传动锁闭器 82

第五节　内平开下悬五金件系统 ... **83**
　　一、内平开下悬五金件分类 83
　　二、标记、代号 83

第六节　门窗五金配件选择方法 ... **84**
　　一、从性能和使用环节选择 84
　　二、从配合结构环节选择 84

第六章
铝合金门窗制造

第一节　考察原料生产厂家与
　　　　加工商 **87**
　　一、铝合金门窗材料采购 88
　　二、生产现场组织管理 90

第二节　成本核算与报价 **91**
　　一、建筑施工门窗表 91
　　二、平开窗C2418门窗型材
　　　　计算 92
　　三、型材表 93

第三节　下单订购与生产管理 **93**
　　一、铝合金门窗客户订货单
　　　　模板 94
　　二、铝合金门窗生产质量基本
　　　　要求 95

第四节　运输与储存 **97**
　　一、物料存放 97
　　二、门窗运输与保管 98

第五节　加工生产工艺流程 **98**
　　一、下料工序 98
　　二、机械加工工序 99
　　三、组装工序 99

第六节　下料 **99**
　　一、角码下料 100
　　二、玻璃压条下料 101
　　三、单头切割锯下料 101
　　四、双头切割锯下料 101

第七节　孔、槽深加工 **102**
　　一、窗框构件孔、槽加工 102
　　二、窗扇构件孔、槽加工 103
　　三、冲压机加工 103
　　四、仿形铣床加工 103
　　五、端面铣床、钻床加工 104
　　六、加工要求与规范 105

第八节　成本核算与控制 **105**
　　一、产品成本构成 106

二、产品成本控制....................106

第九节 数控设备的发展...........**107**
　　一、技术需求....................107
　　二、设备现状....................108
　　三、发展方向....................109

第七章
铝合金门窗组装

第一节 平开铝合金门窗组角......**111**
　　一、选择角码....................111
　　二、组角........................111
　　三、涂胶........................114
第二节 框扇组装..............**114**
　　一、推拉门窗框、扇组装..........114
　　二、平开窗框、扇组装............116
第三节 框扇密封..............**117**
　　一、挤压式密封..................117
　　二、摩擦式密封..................117
第四节 玻璃镶嵌..............**118**
　　一、玻璃裁切....................118
　　二、玻璃安装....................119
　　三、玻璃密封....................120
第五节 五金配件安装..........**121**
　　一、滑轮安装....................121
　　二、门窗锁安装..................122

三、材料要求....................126
四、设备准备....................127
五、现场作业条件................127
第二节 安装铝合金门窗框.......**127**
　　一、立框与连接锚固............127
　　二、门窗框与洞口墙体
　　　　缝隙处理..................128
第三节 铝合金推拉门窗
　　　　开启扇安装...............**129**
第四节 铝合金门窗工程验收......**130**
　　一、产品保护..................130
　　二、验收规定..................131
第五节 铝合金门窗维护与保养...**133**
　　一、日常使用与保养.............133
　　二、回访与维护...............134
第六节 阳台铝合金门窗
　　　　安装案例..............**135**
　　一、阳台安装工法一.............135
　　二、阳台安装工法二.............137

第八章
铝合金门窗安装与施工

第一节 安装与施工准备...........**125**
　　一、施工员要求..................125
　　二、安装位置....................125

参考文献

第一章
铝合金门窗基础与发展现状

学习难度: ★☆☆☆☆

重点概念: 专业术语,铝合金基础知识与发展现状

章节导读: 门窗是建筑物的重要组成构件,门窗具有采光、通风、防风雨、保温、隔热、隔声、防水、防火、防腐等多种重要功能,在视觉上还应当具有美感。在众多的门窗材料中,铝合金门窗显得尤为突出,它具有重量轻、强度高、密闭性能好、耐久性好,以及使用维修方便、装饰效果优雅等优点。本章节将详细介绍铝合金门窗的相关知识,让读者初步了解铝合金门窗的结构特点、应用类型等基础知识与发展趋势等。

▼ 写字楼铝合金窗装修设计

下:铝合金窗肩负着室内外装饰和节能保温的双重功能。

第一节　基本概念

铝合金门窗简称铝门窗，是指采用铝合金挤压型材为框、梃、扇料等制作的门窗。

一、铝合金门窗专业术语

为了方便大家对本书的后续解读及对相关知识的理解，下面将铝合金门窗设计制作安装过程中的部分专业术语整理如下，仅供参考。

1. 门

门是封闭墙体洞口，能开启、关闭，供人出入建筑的部件总称。

2. 窗

窗用于封闭墙体洞口，属于建筑构造部件，可起到通风、采光或观察作用。通常设于建筑物的墙体上，包括窗框和一个或多个窗扇和五金件，有时还带有换气装置。

3. 门窗

门窗是建筑构造中窗与门的总称。

4. 洞口

洞口是墙体上为安装门窗而预留的空洞。

5. 框

框是安装门、窗扇和固定部位玻璃及镶板，并与洞口或附框连接固定的门、窗构件体系的总称。

6. 活动扇

活动扇是多扇门或窗中的一扇，在开门或窗时首先开启的扇。

7. 待用扇

待用扇是多扇门或窗中的一扇，只有当活动扇开启后才能开启。

8. 固定扇

固定扇是安装在门窗中不可开启的扇。

9. 主要受力杆件

主要受力杆件是指门窗立面内承受并传递门窗自身重力及水平风荷载等作用力的中横框、中竖框、扇梃等主型材，以及组合门窗拼樘框型材。

10. 门窗附件

门窗附件是铝合金门窗组装用的配件和零件。

11. 主型材

主型材是组成门窗框、扇杆件系统的基本构架，在其上装配扇或玻璃、辅型材、附件的门窗框和扇梃型材，以及组合门窗拼樘框型材。

12. 辅型材

辅型材是镶嵌并固定于主型材杆件上，能起到传力或其他功能的型材，如披水条、玻璃压条等。

13. 洞口净尺寸

洞口净尺寸是铝合金门窗安装环境的最终尺寸，洞口净尺寸一定要测量精确，避免在安装时有误差。

14. 右内开

右内开是指人站在门窗的对面外围，面对门窗，朝内开启，合页在门窗的右边，锁具在门窗的左边。

15. 右外开

右外开是指人站在门窗的对面外围，面对门窗，朝外开启，合页在门窗的右边，锁具在门窗的左边。

16. 左外开

左外开是指人站在门窗的对面外围，面对门窗，朝外开启，合页在门窗的左边，锁具在门窗的右边。

17. 左内开

左内开是指人站在门窗的对面外围，面对门窗，朝内开启，合页在门窗的左边，锁具在门窗的右边。

二、门窗框扇常见结构名称

门窗框扇（即门窗框、门窗扇）常见的结构名称如下。

1. 上框

上框是门、窗框构架上部的横向杆件。

2. 中横框

中横框是门、窗框构架中间的横向杆件。

3. 中竖框

中竖框是门、窗框构架中间的竖向杆件。

4. 边框

边框是门、窗框构架两侧边部的竖向杆件。

5. 下框

下框是门、窗框构架底部的横向杆件。

6. 拼樘框

拼樘框是两樘及两樘以上门之间，或窗与窗之间，或门与窗之间组合时，框构架的横向和竖向之间的连接杆件。

7. 上梃

上梃是门、窗扇构架上部的横向杆件。

8. 中横梃

中横梃是门、窗扇构架中部的横向构件。

9. 边梃

边梃是门、窗扇构架两侧边部的竖向杆件。

10. 带勾边梃

带勾边梃是当不在一个平面内的两推拉窗扇关闭时，重叠相邻且带有相互配合密封构造的边梃杆件。

11. 封口边梃

封口边梃是附加边梃，是指在同一平面内两相邻的边梃之间接合密封时所用的型材杆件。

12. 下梃

下梃是门、窗扇构架底部的横向杆件。

13. 横芯

横芯是门、窗扇构架横向的玻璃分格条。

14. 竖芯

竖芯是门、窗扇构架的竖向玻璃分格条。

15. 披水条

披水条（挡风雨条）是门窗扇之间、框与扇之间、框与门窗洞口之间横向缝隙处的挡风和排泄雨水的型材杆件。

16. 玻璃压条

玻璃压条是镶嵌与固定门、窗玻璃的可拆卸杆状构件。

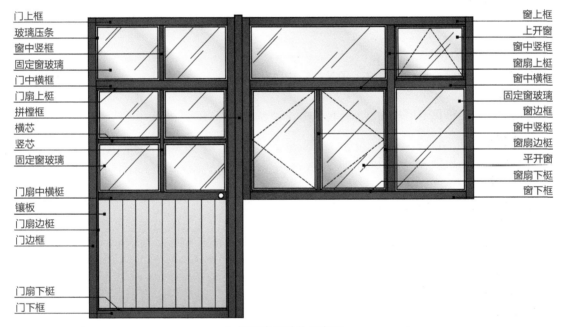

▲ 门窗常见结构示意图

第二节 常见门窗、铝合金门窗分类与铝合金特性

一、常见门窗的分类

门窗制作的材质、造型、色泽等都会对消费者的选择产生比较大的影响，同时多样化的门窗也能更好地满足消费者的需要。目前，在生活中使用频率较高的常见门窗类型主要如下。

微信扫码

1. 按材质分类

按材质不同，可将门窗分为木门窗、塑钢门窗、铝合金门窗、玻璃钢门窗等。

（1）木门窗。木材是制作木门窗的主要材料，木材天生具有较低的热传导性，保温性能优越，且具有自然、温馨、坚实等特点；使用优质木材和优良工艺制作而成的木门窗通常价格较高，多适用于别墅等高档空间。

▲ 现代建筑中的木窗

▲ 传统建筑中的木窗

左：木窗是比较传统的窗户构造，其应用最早。现代建筑采用木窗能真实反映构造纹理。

右：在我国汉代时期木窗就已相当成熟，当时常见的木窗形式有方形、长方形、圆形等，通常传统造型的木窗多用于仿古建筑。

（2）塑钢门窗。塑钢材料色彩新颖，装饰性也比较强。在其开始进入市场时，塑钢门窗并没有在加工方式上摆脱小作坊的生产模式。从其发展趋势来看，它的加工将需要更专业的机械设备，对工艺的要求也会更加严格。

▲ 塑钢型材

▲ 塑钢门窗

左：塑钢型材内部结构虽然与铝合金型材相似，但是其材质强度较低，且大尺寸型材容易变形，因而主要用于制作体量较小的门窗。

右：塑钢门窗采用的是U-PVC（硬聚氯乙烯）塑料与钢材合成的型材，它有着良好的抗风、防水、保温等功能；这种门窗还能被回收、再利用，不仅绿色、环保，实用价值也非常大，深受消费者的喜爱。

（3）铝合金门窗。其市场占有率目前高达80％以上，可选用防水性、弹性、耐久性较好的材料，如橡胶压条和硅酮（硅酮是有机硅聚合物的俗称）系列的密封胶等。

▲ 铝合金型材　　　　　　　　　　　▲ 铝合金阳台窗

左：铝合金材料的截面具有较高的抗弯强度，且该材料是空芯薄壁组合断面，重量较轻，使用该材料制作而成的门窗不仅耐用且变形较小，深受广大消费者的喜爱。

右：铝合金阳台窗有古铜色、金黄色、银白色等颜色，且铝合金氧化层不会轻易褪色，表面涂层不会轻易掉落，无须涂料，比较易于保护。

（4）玻璃钢门窗。该门窗强度高，耐老化，不仅兼具钢、铝门窗的坚固性，还具备塑钢门窗的防腐、保温、节能等性能，但这种门窗加工成本相对较高。

▲ 玻璃钢型材　　　　　　　　　　　▲ 玻璃钢阳台窗

左：玻璃钢型材边框较粗大，强度足够高，但在一定程度上会影响透光性。

右：玻璃钢型材制作的阳台窗不仅坚固，且具有自身独特的性能，在阳光直接照射下不会膨胀，在寒冷气候下不会收缩，综合性能比较优秀。

2. 按造型分类

按造型不同可将门窗分为平开门窗、推拉门窗、提拉门窗、折叠门窗、转门窗等。

（1）平开门窗。平开门窗分为内平开门窗和外平开门窗，密封性能比推拉门窗好，但占用空间大。平开门窗的窗体和配件较贵。

（2）推拉门窗。其使用最广泛，开启简单，持久耐用，价格适中，但密封性不如平开门窗。

▲ 平开窗

▲ 推拉窗

左：平开窗适用于高低层建筑，这类窗户防风性能较好，同时也可避免占用室内空间。

右：推拉窗适用于中低层建筑，这类窗户开启所需的面积较大。

（3）提拉门窗。这种门窗具有优越的节能保温性能和抗风压性能，在开启时不与人体碰撞，框、扇包裹，安全系数较高，广泛用于高层建筑中。

（4）折叠门窗。这种门窗开启比较方便，打开面积大，结构复杂且成本较高，适用于开口面积过小的建筑结构。

▲ 餐厅提拉窗

▲ 折叠门

左：提拉窗采用上、下提拉的方式来控制门窗的开启，适用于宽度较小和需要开启，但不能内外开的洞口，以及下半部开启频率较高的场所，如营业窗口、餐厅、医院等场所。

右：折叠门上安装有一个铰链伸缩机构，可以使窗扇联动打开。

（5）转窗。窗扇以转动方式启闭。转窗的款式相较门而言更多。转窗的构造与分类见表1-1。

表1-1　转窗的构造与分类

序号	名称	开启方式	特点	图例
1	上悬窗	上悬窗的上部一边被固定，可从窗下推开	通风性好、实用性强、安全性能佳，便于清洁，可避免占用室内空间，同时也能有效防止雨水进入室内	
2	下悬窗	下悬窗的合页分别安装于窗下框与窗下梃相对应的部位上，可沿水平轴向内或向外开启	通风较好，但不防雨，仅用作室内亮窗或换气窗	
3	中悬窗	窗轴装在窗扇的左右边梃的中部，其沿水平轴旋转开启	常用作楼梯或走道高窗、门上亮窗，工业建筑的侧窗或气窗等	
4	立转窗	中心固定，窗户以旋转的方式开启	构造简单，安全可靠，可方便清洁玻璃，密封严实，有利于通风、采光	
5	百叶窗	中心固定，窗户以旋转的方式开启	强度增加，成本造价较低且组装速度快，工期时间短，材料可直接送到工地进行切割，可在现场直接组合、安装	

3. 按用途分类

按用途不同，可将窗分为墙体窗、无框窗、有框窗、落地窗、屋顶窗等，按窗用途的分类见表1-2。

表1-2　按窗用途的分类

序号	名称	用途	图例
1	墙体窗	应用于起居室、卧室、厨房、卫生间等居住空间；由于隔热和节能的需要，主要为中空玻璃窗和断桥隔热窗	
2	无框窗	能通风采光、遮风挡雨，没有竖直的框架，窗扇能移动开启和关闭	

续表

序号	名称	用途	图例
3	有框窗	防水密封性较好,能保证阳台的通风采光,营造通透、明亮的空间	
4	落地窗	直接固定在地面上,可视面积较大,可增加采光面积,给人一种开阔的感觉	
5	屋顶窗	屋顶上附着的窗体,斜屋顶天窗可用于采光、通风	

二、铝合金门窗的分类

铝合金门窗不仅要求必须具备采光、通风、防雨、保温、隔热、隔声、防盗等功能,还要满足使用环境、建筑风格、装饰装修等的需要,要能形成与建筑造型、建筑环境相结合的统一体。

1. 按开启方式划分

(1)平开铝合金门窗。这种铝合金门窗具有开启面积大、通风好、密封性好,以及隔声、保温、抗渗性能优良等特点,主要有内平开和外平开两种开启方式。

▲ 内平开铝合金窗　　　　　　　　　▲ 外平开铝合金窗

左:内平开铝合金窗会占去室内的部分空间,开窗时使用纱窗、窗帘等也不太方便,且质量不过关时还可能渗水。

右:外平开铝合金窗开启时会占用墙外的一块空间,窗幅较小,视野不开阔,刮大风时容易受损;但这类窗户不占用室内空间,清洁比较方便。

（2）推拉铝合金门窗。这类门窗可以在一个平面中开启，因而其占用空间少、安全可靠，而且使用灵活、寿命长。

（3）上悬式铝合金门窗。这类门窗是在平开门窗的基础上发展出来的新形式，门窗开启时向外推门窗的上部，可以打开一条100mm左右的缝隙。

▲ 推拉铝合金窗　　　　　　　　　　　　　▲ 上悬式铝合金窗

左：推拉铝合金窗的两扇窗扇不能同时打开，最多只能打开一半，通风性与密封性稍差。

右：上悬式铝合金窗打开的部分会悬在空中，主要是通过铰链等与窗框连接和固定。

2. 以型材截面的高度尺寸划分

铝合金门窗型材规格主要有：35系列、38系列、40系列、60系列、70系列、90系列等。这些系列代表了铝合金横截面的宽度，即由铝材与中间隔热条合起来的总宽度。例如，35系列、38系列指的是铝合金型材主框架的宽度分别是35mm、38mm。

每种门窗按门窗框厚度构造尺寸可分为若干系列。例如，门框厚度构造尺寸为70mm的铝合金平开门，则称为70系列铝合金平开门。

各种铝合金门窗所对应的铝合金型材规格见表1-3。

表1-3　各种铝合金门窗所对应的铝合金型材规格　　　　　　单位：mm

门窗种类	规格	门窗洞高度	门窗洞宽度
铝合金推拉门	70系列、90系列	2100、2400、2700、3000	1500、1800、2100、2700、3000、3300、3600
铝合金推拉窗	55系列、60系列、70系列、90系列	900、1200、1400、1500、1800、2100	1200、1500、1800、2100、2400、2700、3000
铝合金平开门	50系列、55系列、70系列	2100、2400、2700	800、900、1200、1500、1800
铝合金平开窗	40系列、50系列、70系列	600、900、1200、1400、1500、1800、2100	600、900、1200、1500、1800、2100
铝合金地弹簧门	70系列、100系列	2100、2400、2700、3000、3300	900、1000、1500、1800、2400、3000、3300、3600

注：1.封阳台时通常采用70系列或90系列的铝合金型材，如果低于70系列，坚固程度就难以保证。

　　2.75系列铝合金主要用于制作推拉门，也可以用于低层建筑的窗框，但高层建筑不宜采用。因为这种铝合金很重，容易产生安全隐患。

3. 根据截面形状划分

铝合金门窗型材主要有实心型材和空心型材两种，空心型材的应用量较大。铝合金门窗型材的长度尺寸分为定尺、倍尺、不定尺三种。其中，定尺长度不超过6m，不定尺长度不少于1m。用于铝合金窗的壁厚尺寸不低于1.4mm，用于铝合金门的壁厚尺寸不低于2mm。

三、铝合金与铝合金门窗特性

铝具有良好的耐侵蚀性。但是，也要进行适当的防腐处理。可以加入少量几种合金元素，如镁、硅、锰、铜、锌、铁、铬、钛等，即可得到具有不同性能的铝合金。

1. 保温效果好

使用频率较高的断桥铝合金门窗主要采用隔热条将室内外的铝合金分离出来，并配合中空玻璃共同使用，这样可提高铝合金门窗的保温效果。

2. 质量轻且强度高

铝合金材料多是空芯薄壁组合断面，截面具有较高的抗弯强度，制成的门窗耐用，变形小。

3. 密封性能好

铝合金本身易于挤压，型材的横断面尺寸准确，门窗具有较好的密封性能；所选用的密封材料多具备较好的防水性、弹性和耐久性。

4. 造型美观

对铝合金型材表面进行处理时，可以变化出各种颜色，如银白色、黑色、青铜色、黄铜色、茶色等。铝合金型材表面处理技术有阳极氧化、电泳涂漆、粉末喷涂等多种处理工艺。

▲ 铝合金屋顶天窗的密封性　　　　　▲ 铝合金推拉门的透光性

左：铝合金屋顶天窗周边安装有密封胶条，要求防水性能较好。铝合金型材结构能让雨水向室外导流，不会进入室内。

右：铝合金推拉门具有很强的透光性，可用于室内外之间安装，门框型材周边安装有防尘条，能有效阻隔灰尘进入室内。

5. 性价比高

在高层建筑、高档装饰工程中，铝合金门窗的使用性能、装饰效果及安全、节能、使用寿命等方面都优于其他种类的门窗。

6. 易维护和保养

铝合金型材表面经过处理后，质地会更加坚硬，型材表面易于清理。清理时，通常只需使用玻璃清洁剂即可，简单、方便。

第三节　我国铝合金门窗的发展与现状

微信扫码

随着铝合金门窗的应用越来越广泛，如今铝合金门窗已经成为很多家装与工装的首要选择。铝合金门窗行业的发展与现状更加体现中国特色。

一、大投入、规模化生产

以往大多数铝合金门窗厂家在初次创业时，投入并不大，厂房规模也较小，有些企业在创业之初多为3~5个人的小作坊或夫妻店，但现在大部分具有规模的铝合金门窗品牌都是由当年的这些小店发展壮大而成的。

二、多品牌营销

铝合金门窗行业的入行门槛比较低，而且铝合金门窗产品本身的技术含量不高，市场竞争又加剧了品牌之间的竞争，品牌营销成为企业提升铝合金门窗附加值的有效途径。目前，部分企业开始进行多品牌经营，这种形式可以打开广阔的市场，提升产品与企业的竞争力。

三、基础延伸、产品多样化

如今铝合金门窗生产已经发展成熟，以往仅生产单一产品的模式已经无法完全满足企业发展的需求，市场要求铝合金门窗生产企业能够向多领域发展，能够研发、生产更多的产品，如全铝门或钢木门等延伸产品。

▲ 不断扩大的铝合金门窗生产加工车间　　▲ 形式多样的铝合金门窗加工工厂

左：小规模生产企业不断发展扩大，是当今门窗行业发展的必然趋势。

右：不少以前主打铝合金产品的生产企业，现今不仅有铝合金产品，而且还涉足，甚至延伸至钢木门生产。

第二章
建筑铝合金门窗设计

学习难度： ★★★☆☆

重点概念： 建筑风格与构造设计、窗型与外观设计、物理性能设计、结构设计

章节导读： 门窗直接影响着建筑物的美观性，优质门窗不仅要能为建筑物带来较好的节能、保温效果，还要能为人们的日常生活提供舒适、宁静的室内环境。本章所讲述的铝合金门窗设计主要是关于门窗的性能设计，以保证铝合金门窗可在不同气候条件下使用。

▼ 建筑铝合金门窗

下：建筑铝合金门窗的设计应当能够符合建筑的功能要求，同时还需符合建筑学的设计规范，并做到安全可靠、经济适用。

第一节　铝合金门窗的设计要求

微信扫码

　　铝合金门窗属于建筑围护结构，应当结合建筑物的风格、造型、色彩、功能等进行综合设计。在设计铝合金门窗产品时，应考虑以下几点因素。

1. 建筑环境与构造类型

　　铝合金产品的最终设计与建筑环境、构造类型等息息相关，在具体设计时要充分结合建筑所处的地理位置、当地的气候条件、消费者的生活习惯、门窗的开启方式等因素，同时还要考虑建筑构造、颜色、造型、分格方式等对铝合金型材的要求。

2. 物理隔热性能

　　建筑物往往具有一定的特性，在如今倡导节能设计的时代，铝合金门窗在设计时也需具备较好的综合性能，如具有良好的物理隔热性能等。铝合金门窗的具体形式和玻璃配件等均需要符合建筑节能的要求。

3. 使用的耐久性与综合成本

　　铝合金门窗应当具有较好的耐久性，制作成本应当合理化，并需充分考虑整体造价成本。

一、建筑风格与构造设计

　　建筑风格与室内外的构造设计应当能够相互协调，铝合金门窗的设计既要能够满足消费者对明亮、通透的大立面、大分格、大开启门窗的追求，同时也要能具备保温、隔热、节能等特点。

　　铝合金门窗的高、宽构造尺寸应当与开启门窗扇的数量相关，同时应考虑玻璃的安装方法。

▲ 窗高、宽构造尺寸设计

▲ 窗立面分格尺寸设计

　　左：铝合金窗的高、宽构造尺寸应根据天然采光环境设定，具体尺寸与房间的有效采光面积和建筑节能要求等也有一定关系，且过大的门、窗面积不利于建筑节能。

　　右：铝合金窗的立面分格尺寸大小会受到窗最大开启扇尺寸和固定玻璃尺寸的制约，设计时要注意。

补充要点

建筑门窗分格尺寸规范

门窗立面分格尺寸是指门窗分格后横竖线之间的尺寸。分格尺寸应当保证门窗的受力杆件强度与刚度要求。

1. 按照普通人的双手动作习惯，水平分格线为距室内地面高度0.9~1.1m处；而1.5m高左右不宜设置水平分格线，这会遮挡人的视线，因此在这个高度上不宜设置横梁。

2. 可优先选用0.6m、1.2m、1.8m、2.4m、3.6m等数值来满足建筑模数，如1.2m、2.4m是最常用的数值，它与玻璃原片的标准尺寸2440mm×3660mm、常用板材的标准尺寸1220mm×2440mm等相关。

3. 开启门窗扇执手宜设置在距室内地面0.9~1.5m的高度处。

二、门窗与外观设计

在铝合金门窗（全书有时简称门窗）设计时，应当选用标准型号，便于设计、生产、施工，同时也能有效降低产品成本。

设计窗型时需考虑是否能够满足门窗的抗风压性能、水密性能、气密性能和保温性能等要求；门窗窗型及外观设计还要重点考虑是否满足安全要求，避免因设计不合理而造成安全事故。

▲ 门窗开启形式与开启面积比例设计　　▲ 门窗立面造型、质感、色彩等外观设计

左：铝合金门窗开启形式和开启面积比例由具体的门、窗产品特点和玻璃面积决定，其设计应满足房间自然通风和开启安全、快捷，以及清洁、维修便利等要求。

右：铝合金门窗的立面造型、质感、色彩等应与建筑外立面及周围环境和室内环境保持协调，这样建筑物的整体美观性才会更佳。

1. 门窗设计

铝合金门窗的设计包括门窗的开启构造类型和门窗产品规格系列两个方面。

（1）开启构造类型。铝合金门窗开启构造类型具体可分为平开门窗、推拉开启门窗。

① 平开门窗，包括外平开门窗、内平开门窗、内平开下悬门窗以及上悬窗、中悬窗、下悬窗、立转窗等。

② 推拉开启门窗，包括推拉门窗、上下推拉门窗、内平开推拉门窗、提升推拉门窗、推拉下悬门窗、折叠推拉门窗等。

（2）铝合金门窗产品规格系列。各种铝合金门窗有不同系列产品，如常用的平开窗有40系列、45系列、50系列、60系列、65系列等，推拉窗有70系列、90系列、95系列、100系列等。采用何种门窗开启构造形式和何种产品系列，应根据具体的建筑类型、使用场所与门窗窗型来确定。常见的铝合金门窗形式见表2-1。

表2-1　常见的铝合金门窗形式

序号	名称	特点	用途	图例
1	外平开门窗	采用滑撑作为开启、连接配件，使用广泛，构造简单，使用方便，气密性、水密性较好，造价低廉	适用于低层公共建筑和住宅建筑，不适用于高层建筑，易发生窗扇坠落事故	
2	内平开门窗	采用合页作为开启连接配件，并配以撑挡确保开启角度和位置，构造简单，使用方便，气密性、水密性较好，造价低廉，安全性较高	适用于各类公共建筑和住宅建筑	
3	推拉门窗	节省空间，开启简单，造价低廉，但水密性和气密性较差	适用于水密性能和气密性能要求较低的建筑外门窗和室内门窗	
4	上悬窗	采用滑撑作为开启、连接配件，另配撑挡作开启限位；紧固锁紧装置采用七字执手或多点锁	适用于风力较大的高层建筑，或降雨较为频繁的地区	
5	内平开下悬门窗	通过操作联动执手，分别实现门窗的内平开和下悬开启，造价相对较高	适用于阳光房	
6	推拉下悬门窗	可分别实现推拉和下悬开启，配件复杂，造价高，用量相对较少	适用于阳光房	

续表

序号	名称	特点	用途	图例
7	折叠推拉门窗	采用合页连接多个门窗扇，可实现门窗扇沿水平方向的折叠移动开启	用于底层建筑阳台、花园或室内	

2. 外观设计

（1）色彩设计。铝合金门窗的色彩选配应考虑建筑用途、建筑物立面基准色调、室内装饰要求、门窗造价等多重因素，同时所选色彩还要能与周围环境相协调。

（2）造型设计。铝合金门窗拥有多种立面造型，如平面形、折线形、弧线形等。设计时要考虑所选门窗的生产工艺和工程造价等。例如，制作弧线形门窗需要将铝合金型材和玻璃进行压弯处理。但是，这会增加生产成本，严重时可能会导致玻璃出现爆裂现象。

（3）立面分格设计。铝合金门窗立面分格设计要考虑良好采光要求、自然通风要求、装饰建筑立面要求以及扩大室内空间视野要求和从建筑外观上间隔房间要求等。

通常同一房间、同一墙面的门窗横向分格线条应当尽量处于同一水平线上，竖向线条应当尽量对齐，在主要视线高度范围内，如1.5～1.8m。可不设置横向分格线，以免遮挡视线。此外，铝合金门窗的立面分格比例要协调，长宽比建议按接近黄金比例来设定。不宜设计成正方形，以及长：宽＝2：1的矩形。

三、铝合金门窗性能设计

1. 水密性能设计

通常平开型门窗水密性能要优于普通推拉门窗。对水密性能要求较高的建筑楼层，应选用平开型门窗。

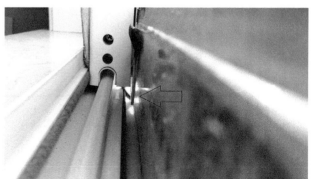

▲ 平开窗密封设计　　　　　　　　▲ 普通推拉窗密封设计

左：平开窗框、扇间均设有2～3道橡胶密封胶条，在窗扇关闭时可通过锁紧装置将密封胶条压紧，从而形成有效密封。

右：普通推拉窗的活动扇上、下滑轨间存在较大缝隙，且相邻的两个开启扇不在同一平面，也没有密封压紧力存在，仅靠毛条进行重叠搭接；但毛条之间存在缝隙，因而密封作用较弱。

在铝合金门窗开启部位内设有空腔，空腔内的气压与室外气压相等，以保证外表面两侧气压处于相等的状态。在暴风雨天气中，为了避免压力过大导致门窗框、扇出现变形，从而出现渗水的情况，应当选择高强度铝合金门窗受力杆件，以抵抗风压对门窗框、扇的冲击。

在型材组装部位、五金附件装配部位会有缝隙，可选用密封胶、防水密封型螺钉等来封闭缝隙。铝合金门窗洞口墙体外表面应设计有排水措施，外墙窗楣应做滴水线或滴水槽，窗台面应做流水坡度。这些措施能有效防止雨水进入室内或出现雨水堆积等状况。

2. 气密性能设计

平开门窗的气密性要优于普通推拉门窗，框、扇之间带有中间密封胶条，能有效提高门窗的气密性能。在满足通风和功能要求的前提下，应适当控制外窗可开启扇与固定部分的比例。

采用耐久性和弹性较好的密封胶或密封胶条，框、扇之间会产生摩擦，密封胶条和密封毛条应在门窗四周连续铺开。

3. 隔声性能设计

门窗玻璃镶嵌缝隙及框、扇之间开启缝隙，会影响门窗的隔声性能，应当采用弹性密封胶条来密封门窗。铝合金门窗单层玻璃的隔声效果只能达到30dB以下，对于有更高隔声性能要求的门窗则可选用双重门窗。

隔声性能主要是通过采用中空玻璃或夹层玻璃进行提升，如需进一步提高门窗的隔声性能，可以采用不同厚度的玻璃组合，能避免共振。

4. 热工性能设计

铝合金门窗的热工性能包括保温性能和遮阳性能。

（1）保温性能。保温性能是指当门窗处于正常关闭状态时，在门窗两侧存在空气温差条件下，门窗阻止热能从高温一侧传向低温一侧的能力。通常传热能力越强，门窗的保温性能越差。铝合金门窗的保温性能用传热系数K表示，传热系数是指在稳定的传热条件下，门窗两侧空气温差为1K时，在单位时间内通过单位面积的传热量，其性能分级可参见表2-2。

表2-2　传热系数性能分级　　　　　　单位：W/（m²·K）

分级	1	2	3	4	5
指标值	$K \geqslant 5.0$	$4.0 \leqslant K < 5.0$	$3.5 \leqslant K < 4.0$	$3.0 \leqslant K < 3.5$	$2.5 \leqslant K < 3.0$
分级	6	7	8	9	10
指标值	$2.0 \leqslant K < 2.5$	$1.6 \leqslant K < 2.0$	$1.3 \leqslant K < 1.6$	$1.1 \leqslant K < 1.3$	$K < 1.1$

铝合金门窗保温性能设计方法如下。

① 采用隔热断桥铝型材时，隔热铝合金型材传热系数可降到1.5～3.5W/（m²·K），无隔热铝合金型材传热系数为6.4W/（m²·K）左右。

② 应采用合适的玻璃。可采用填充惰性气体或稀有气体的中空玻璃，或选用由低辐射镀膜玻璃组成的双中空玻璃。

③ 应提高门窗的气密性能。可选用平开门窗，增加密封胶条，将框、扇密封腔分隔成各自独立的气密腔室和水密腔室。

④ 应采用双层门窗设计。采用双层门窗可以更加有效地提高门窗的保温性能。

⑤ 应处理门窗框与洞口间的缝隙。妥善处理缝隙，严防热量损失。

▲ 隔热断桥铝型材

▲ 铝木复合型材隔热断桥铝推拉门

左：隔热断桥铝型材两面为铝材，中间的断热材料为聚酰胺（尼龙），这种型材既兼顾了尼龙和铝合金两种材料的优点，同时也能增强门窗强度，并满足装饰、耐老化等多种要求。

右：隔热型材传热系数的高低与型材中间隔热材料的形状和尺寸有关。可通过加长隔热型材隔热条的尺寸，或采用灌注法生产的隔热铝合金型材，或选用铝木复合型材等来降低型材的传热系数。

▲ 安装双层铝合金窗

▲ 密封保温处理窗框与洞口间的安装缝隙

左：制作双层窗的工艺比较复杂，且费用较高；但这类窗能较好地减少热量损失，双层窗比采用同样多的玻璃材料制成的单层窗节约97%左右的热量。

右：为了获取更好的保温效果，窗框四周与墙体间的缝隙可采用防寒密封条、聚苯乙烯泡沫塑料条、有机硅泡沫密封胶或其他软质材料填充。注意填充厚度不可超出门窗框料厚度，表面需用密封胶进行密封。

（2）遮阳性能。遮阳性能是门窗阻隔太阳辐射热的能力，是相同条件下透过相同面积的3mm厚透明玻璃所形成的太阳辐射热量比。铝合金门窗的遮阳性能用遮阳系数SC表示。遮阳性能分级见表2-3。

表2-3　遮阳性能分级

分级	1	2	3	4	5	6	7
指标值	$0.7<SC≤0.8$	$0.6<SC≤0.7$	$0.5<SC≤0.6$	$0.4<SC≤0.5$	$0.3<SC≤0.4$	$0.2<SC≤0.3$	$SC≤0.2$

铝合金门窗遮阳性能设计方法如下。

① 设置窗外遮蔽，为门窗安装外遮阳装置，如外卷帘窗、外百叶窗等。

②设置窗内遮阳，为门窗安装内遮阳装置，如在中空玻璃内置百叶、卷帘等。

▲ 窗外设置遮阳卷帘

▲ 中空玻璃内置百叶窗

左：窗外遮阳卷帘是一种有效的遮阳措施，比较适用于各朝向的窗户。当卷帘完全放下时，其基本上能够遮挡住所有太阳辐射。

右：中空玻璃中可内置百叶帘片。帘片由手柄磁铁控制，也可内置电机，由开关或遥控器控制帘片。这种装置主要是通过调节百叶片的角度来控制进入室内的光线。

③安装遮阳系数小的玻璃。由于吸热玻璃和热反射玻璃具有一定的隔热效果，其组成的中空玻璃隔热效果会更好。

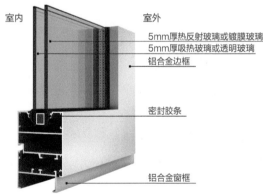
▲ 中空玻璃组合结构

▲ 镀膜玻璃

5. 抗风压性能设计

铝合金门窗的抗风压性能是指当门窗处于正常关闭状态时，在风压作用下不会轻易发生门窗损坏、五金件松动、开启困难等功能障碍的能力。铝合金门窗的抗风压性能分级及指标值P_3（定级检测压力差）见表2-4。

表2-4　铝合金门窗的抗风压性能分级及指标值P_3　　　　单位：kPa

分级	1	2	3	4	5
指标值	$1.0 \leq P_3 < 1.5$	$1.5 \leq P_3 < 2.0$	$2.0 \leq P_3 < 2.5$	$2.5 \leq P_3 < 3.0$	$3.0 \leq P_3 < 3.5$
分级	6	7	8	9	
指标值	$3.5 \leq P_3 < 4.0$	$4.0 \leq P_3 < 4.5$	$4.5 \leq P_3 < 5.0$	$P_3 \geq 5.0$	

在各级抗风压性能分级指标值风压作用下，铝合金门窗主要受力杆件相对面法线挠度要求应符合表2-5的规定。

表2-5　铝合金门窗主要受力杆件相对面法线挠度要求　　单位：mm

支承玻璃种类	单层、夹层玻璃	中空玻璃
相对挠度	≤$L/100$	≤$L/150$
相对挠度最大值	20	—

注：L为主要受力杆件的支承跨距。

根据《铝合金门窗工程技术规范》（JGJ 214—2010）规定，铝合金外门窗的抗风压性能指标值P_3应按不低于门窗所受的风荷载标准值（W_k）确定，且不小于1.0kN/m²。

6. 采光性能设计

采光性能是指铝合金窗在漫射光照射下穿透光的能力。建筑物能够充分利用日光照明来获取较好的视觉效果，采用这种方式也能有效节约能源。通常采光性能的好坏会采用透光折减系数T_r表示，T_r为光通过窗户和采光材料及与窗相结合的挡光部件后减弱的系数。铝合金窗采光性能分级见表2-6。

表2-6　铝合金窗采光性能分级

分级	1	2	3	4	5
指标值	0.2≤T_r<0.3	0.3≤T_r<0.4	0.4≤T_r<0.5	0.5≤T_r<0.6	T_r≥0.6

减少窗的框、扇构架结构与整窗的面积比可以有效减小窗结构的透光折减系数；选用容易清洗的玻璃，也有利于减小窗玻璃污染折减系数。门窗立面分格数量不宜过多，且需满足日常保洁的便利性要求。

7. 安全性能设计

（1）防雷设计。铝合金门窗的防雷设计应符合国家标准《建筑物防雷设计规范》（GB 50057—2010）的规定，即第一类防雷建筑物，其建筑高度≥30m的外门窗；第二类防雷建筑物，其建筑高度≥45m的外门窗；第三类防雷建筑物，其建筑高度≥60m的外门窗。应采取防侧击雷和等电位保护措施，并与建筑物防雷系统可靠连接。

设计时，应当将铝合金门窗与主体建筑防雷的均压环连接起来，均压环是高层建筑物为防侧击雷而设计的环绕建筑物周边的水平避雷带。当建筑设计中的高度超过滚球半径时，每间隔6m应设一件均压环，便于连接6m高度内上、下两层的金属门窗与均压环。

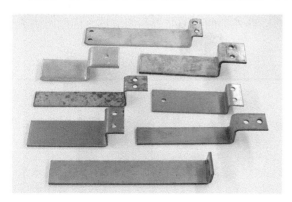

▲ 防雷镀锌卡扣片

▲ 防雷镀锌卡扣片与铝合金门窗框连接

左：根据铝合金门窗框的尺寸与构造不同，所选择的防雷镀锌卡扣片也有所不同，通常厚度应当大于1.2mm。

右：将防雷镀锌卡扣片的一端与铝合金门窗框连接，另一端则与建筑中的防雷金属构件或钢筋连接。

▲ 建筑中的防雷连接金属件

▲ 均压环

左：高层建筑在构筑过程中应当预埋防雷连接金属件，并通过钢筋或导线与建筑中的均压环连接。

右：均压环可防侧击雷，它可将高压均匀分布在物体周围，并保证在环形各部位之间没有电位差。

（2）防止玻璃热炸裂。当玻璃自身受热不均匀时，玻璃将会发生破裂，典型的热应力破裂特征可参见表2-7。

表2-7　典型的热应力破裂特征

序号	热应力破裂特征	图例
1	从边缘开始出现裂纹，则一组裂纹与玻璃边缘部位只有一个交点，且起端与玻璃的边缘相垂直	
2	玻璃中间部位出现破裂时，破裂线多为弧形线，且会分成两支，无规则弯曲并向外延伸	
3	玻璃出现破裂时，边缘处裂口比较整齐，断口处也无破碎和崩边现象	

当完成玻璃构造设计时，应设计遮阳构造防止或减少玻璃局部升温。在门窗上安装玻璃时，要注意玻璃周边不应出现易造成裂纹的缺陷，应对玻璃边部进行倒角磨边等加工处理。玻璃镶嵌应采用弹性良好的密封衬垫材料。玻璃内侧遮阳措施与玻璃间要保持一定的间距，卷帘、百叶及隔热窗帘等遮蔽物不可紧贴玻璃设置。玻璃外部的遮阳装置与窗玻璃之间的距离应不小于50mm。

补充要点

导致玻璃热炸裂的因素

1. 设计选择的玻璃不当。建筑玻璃是热的不良导体，而镀膜玻璃的太阳能吸收率又比普通白玻璃高。因此，镀膜玻璃破裂率高于普通白玻璃。

2. 玻璃的切割和磨边质量不合格。玻璃是脆性材料，任何边部的缺陷都会导致其边缘的抗拉强度降低十几倍。

3. 安装不当。玻璃与金属框或其他金属物应保持一定的距离，安装时预留空隙过小，导致玻璃没有足够的膨胀空间，会导致玻璃出现破裂现象。若玻璃窗安装不平整，安装玻璃的金属框体热绝缘质量不佳等，也会导致玻璃出现破裂。

（3）其他安全性能

① 开启门扇、固定门和落地窗的玻璃，必须符合现行行业标准《建筑玻璃应用技术规程》（JGJ 113—2015）中的安全规定。

② 公共建筑出入口和门厅、幼儿园或其他儿童活动场所的门和落地窗，必须采用钢化玻璃或夹层玻璃等安全玻璃。

③ 推拉窗用于外墙时，必须有防止窗扇向室外脱落的装置。

④ 外门窗如果有防盗要求的，则可采用夹层玻璃搭配可靠的门窗锁具。如果使用推拉门窗扇，则应有防止从室外侧拆卸推拉门扇的装置。

⑤ 安装在易于受到人体或物体碰撞部位的玻璃，应采取适当的防护措施并设置警示标识。

⑥ 无室外阳台的外窗台距离室内地面高度小于0.9m时，必须采用安全玻璃。

第二节　铝合金门窗结构设计

铝合金门窗作为围护结构，必须具备足够的刚度和承载能力。铝合金门窗构件在实际使用中，将承受门窗自重以及直接作用于其上的风荷载、地震作用、温度作用等。

微信扫码

一、力学设计

铝合金型材能承载的风载荷数值可达1.0～5.0kN/m²。非承载的铝合金型材在地震作用中，只需考虑由自身重力产生的水平方向位移所产生的力。由于铝合金门窗自重比较轻，即使按最大地震作用考虑，门窗的水平方向位移荷载也在0.04～0.4kN/m²的范围内，其相应的组合效应值仅为0.26kN/m²，远小于风压值。

在门窗的构造设计上，应当采取相应措施以避免因门窗构件之间的挤压，而造成门窗被构件破坏，如门窗框、扇之间连接装配间隙及玻璃镶嵌预留间隙等。

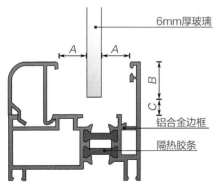

▲ 单层玻璃镶嵌预留间隙示意图

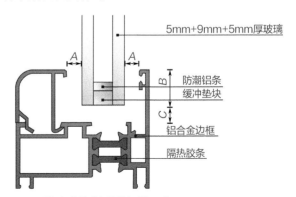

▲ 双层玻璃镶嵌预留间隙示意图

左：前部余隙和后部余隙A是为了保证玻璃在水平荷载作用下，玻璃不与边框直接接触；嵌入深度B则是为了保证玻璃在水平荷载作用下玻璃不脱框。

右：边缘间隙C是为了保证玻璃在环境温差作用下不与边框接触，同时也能保证玻璃在建筑主体结构变形的条件下，玻璃不会被轻易击碎。

补充要点

玻璃间隙处理方法

1. 使用缓冲垫块处理相应间隙，以避免扇面变形，影响使用。

2. 检查垫块位置，防止因碰撞、振动造成垫块脱落或位置不准，导致排水孔道被堵塞。

3. 确保垫块四周缝隙均匀。安装竖框中的玻璃需放置两块承重垫块，搁置点位置要精准，与玻璃垂直边缘距离为玻璃宽度的1/4，且不小于150mm。玻璃垫块长度不小于25mm，厚度为2～6mm。

4. 裁切玻璃尺寸时要严格控制，玻璃尺寸与框、扇内尺寸之差应等于两个垫块厚度。

二、玻璃设计

铝合金门窗玻璃上的荷载主要是风荷载，玻璃承受的风荷载为垂直于玻璃板上的均布荷载。门窗玻璃抗风压设计计算应当依据《建筑玻璃应用技术规程》（JGJ 113—2015）来执行。

对于铝合金外门窗的玻璃，应当注意门窗玻璃超过承载力极限状态时，玻璃可能会脱落，从而引发安全事故。

▲ 普通住宅铝合金窗玻璃   ▲ 公共空间落地门窗玻璃

左：用于普通住宅与小型门窗的铝合金外窗玻璃厚度多为6mm的钢化玻璃，安全性尚可。

右：公共空间落地门窗的玻璃多采用厚度在8mm以上的钢化玻璃，普通玻璃安全性没有保障。

三、连接设计

铝合金门窗构件的连接节点主要为窗扇连接铰链和锁紧装置的连接件。这些连接件会因为风压作用而出现损毁，尤其是承载能力不足的五金件与连接件会由于压力过大而出现连接失效的情况。

铝合金门窗各构件之间应通过角码或接插件连接，且连接件应能承受构件的剪力。构件连接处的连接件、螺栓、螺钉和铆钉设计，应符合现行国家标准《铝合金结构设计规范》（GB 50429—2007）的相关规定。

第三节 铝合金门窗节能设计

新型节能铝合金门窗能有效降低能耗，这类门窗主要是通过产品的结构设计、材料选用等来尽量减少建筑的使用能量，从而达到节能的目的。铝合金门窗的节能设计重点在于控制对流传热、导热、辐射传热等三种方式。铝合金门窗传热方式见表2-8。

微信扫码

表2-8　铝合金门窗传热方式

传热方式	对流传热	导热	辐射传热
技术说明	通过门窗的密封间隙使热、冷空气循环流动，并通过气体对流交换热量，从而引起热量流失	物体内部的热量由高温侧向低温侧转移，从而引起热流失	以辐射形式直接传递，从而引起能耗损失

一、玻璃节能

1. 玻璃镀膜

玻璃的膜层材质会影响玻璃最终的节能效果，即使玻璃传热系数没有明显变化，但膜层对光（能量）的控制能力也会有所不同，会影响玻璃的节能效果。

2. 玻璃结构

根据玻璃结构形式的不同，可将其分为单层玻璃、中空玻璃、多层中空玻璃等，其传热系数会依次降低，但节能效果会逐次增强。

3. 贴节能膜

在玻璃室内一侧贴隔热膜同样能够提高节能效果。

二、断桥铝合金型材节能

断桥铝合金型材在内、外两侧的铝合金型材之间选用了强度较高，且热导率较低的隔离物，如隔热胶条，能很好地降低传热系数，增加热阻值，从而实现节能的目的。这也是目前铝合金型材加工中更常见的一种节能方式。

三、双（多）层结构体节能

双（多）层结构体是指在玻璃层构造中设计空气层，主要是通过在中空玻璃中充入惰性气体或稀有气体，如氩气、氮气等。

通常惰性气体或稀有气体比普通干燥空气的导热性能更低，化学结构也更稳定，且不会在玻璃间的腔体中产生冷凝水。在中空玻璃中填充惰性气体或稀有气体的目的是为了加大空气腔或增加空气腔体的数量，从而能有效提升中空玻璃的热工性能，最终实现节能。

四、遮阳体系节能

在铝合金门窗体系中融入遮阳技术同样能达到节能的目的。例如，可在铝合金门窗体系中增加遮阳篷或在中空腔体中增加遮阳帘等，这些都是有效的节能途径。

▲ 铝合金大门采用镀膜玻璃

▲ 窗玻璃粘贴防紫外线贴膜

左：镀膜玻璃门具有适当的采光功能和良好的视线遮蔽效果。这类玻璃门不仅具备色彩缤纷、绚丽多彩的装饰效果，节能性也十分不错。

右：防紫外线贴膜在夏季可阻挡45％～85％的太阳直射热量，在冬季则可以减少30％以上的热量散失，不仅节能、环保，同时还可以有效阻隔98％以上的紫外线，且能有效过滤强光，减少眩光。

▲ 断桥隔热铝型材制作阳光房

▲ 使用室内遮阳帘

左：这里的阳光房是以断桥隔热铝合金型材作为框架，在框架内镶嵌中空夹胶玻璃，能有效阻挡室内外冷、热空气；同时，室内的能量也不会散失，既保证阳光房的功能性和舒适性，也降低能源消耗。

右：遮阳帘能有效阻挡户外热量流入室内，可起到很好的节能效果；同时，遮阳帘也能够使强烈的阳光以漫射光的形式反射入室内，从而使室内获取明亮但不刺眼的光线。

第三章

铝合金门窗型材

学习难度: ★★★★☆

重点概念: 性能要求、型材生产工艺、表面处理工艺、型材选用

章节导读: 铝合金门窗主要选用的材料为铝合金型材,它的表面涂层决定了门窗的耐候性能,断面尺寸则决定了门窗的抗风压性能和安全性能。制作时,首先要对铝合金型材的表面进行处理,然后再经过下料、打孔、铣槽、攻丝等一系列工艺后,将其制作成门窗框构件,再选用合适的连接件、密封材料、五金配件等将这些构件装配在一起,从而组成铝合金门窗。

▼ 铝合金型材

下:铝合金型材是制作铝合金门窗的基本材料,铝合金型材的规格尺寸、化学成分、力学性能、精确度等,均会对铝合金门窗的使用寿命和性能产生影响。

第一节　铝合金门窗材料与要求

微信扫码

　　铝合金依据化学成分的不同可分为铝硅合金、铝铜合金、铝镁合金和铝锌合金等多种，铝合金型材经过淬火和时效等热处理后，能够获得较好的物理性能、力学性能和耐腐蚀性能。铝及铝合金的组别及牌号系列可参考表3-1。

表3-1　铝及铝合金的组别及牌号系列

组别	牌号系列
纯铝（铝含量不小于99.00%）	1×××（如1050）
以铜为主要元素的铝合金	2×××（如2A01）
以锰为主要元素的铝合金	3×××（如3A21）
以硅为主要元素的铝合金	4×××（如4050）
以镁为主要元素的铝合金	5×××（如5050）
以镁和硅为主要元素的铝合金	6×××（如6005）
以锌为主要元素的铝合金	7×××（如7075）
以其他元素为主要合金元素的铝合金	8×××（如8050）
备用合金组	9×××（如9050）

一、铝合金门窗主要材料

　　1. 铝合金门窗型材主要为6061材料，铝合金型材表面的饰面材料主要有氧化类饰面材料（阳极氧化、电泳漆）、喷涂类饰面材料（粉末喷涂、氟碳喷涂）等。

　　2. 铝合金门窗玻璃主要有真空玻璃、中空玻璃、防火玻璃、钢化玻璃、浮法玻璃、夹丝玻璃、夹层玻璃、镀膜玻璃、着色玻璃等多种。

　　3. 铝合金门窗密封胶主要有硅酮类密封胶、聚氨酯类密封胶、丁基胶（即丁基密封胶）、聚硫胶等多种。其中，硅酮类密封胶包括硅酮耐候密封胶、硅酮结构密封胶等。

　　4. 铝合金门窗五金件主要有执手、合页、滑撑、滑轮、锁闭器、螺钉、拉铆钉等；常用的密封材料则包括密封胶条、密封毛条等。

二、铝合金门窗型材基本要求

1. 型材规格

　　（1）建筑用铝合金型材应符合国家标准《铝合金建筑型材　第1部分：基材》（GB/T 5237.1—2017）相关规定。该标准适用于6005、6060、6061、6063、6463等经挤压成型、快速冷却成型或经固溶热处理状态成型的型材。

（2）铝合金型材依据截面形状的不同有实心型材和空心型材之分，通常铝合金外门的主型材截面应不低于2.0mm，外窗的主型材截面应不低于1.4mm。

▲ 铝合金实心型材

▲ 铝合金空心型材

左：铝合金实心型材是指没有封闭围合结构的型材。这种型材既可用于制作门窗加强结构或封闭结构，也可用于强化整体造型结构或装饰边框内侧面。

右：铝合金空心型材是指有封闭围合结构的型材。这种型材中间为空心结构，但周边结构具有一定的承重功能，比较适于门窗主要边框、横梁、立柱、门窗扇轨道支撑等。

（3）铝合金型材依据长度尺寸的不同可分为定尺、倍尺和不定尺三种。其中，定尺长度不超过6m，不定尺长度不少于1m。

（4）铝合金型材的规格尺寸是以型材截面的高度尺寸为标志并构成尺寸系列，主要包括40mm、45mm、50mm、55mm、60mm、63mm、65mm、70mm、80mm、90mm等不同尺寸系列。

（5）铝合金型材依据腔体结构的不同有两腔、三腔或多腔之分，腔体越多，型材的保温、隔声效果则越好，门窗的强度和稳固性能也会更好。

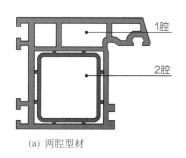
(a) 两腔型材

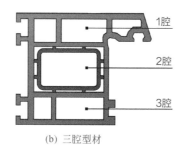
(b) 三腔型材

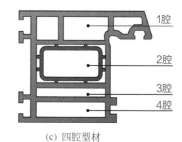
(c) 四腔型材

▲ 铝合金型材的腔体设计

上：铝合金型材的腔体越多，使用的原材料就会越多，价格也会随之增高，成本也会因此增加10%～40%。

2. 型材质量

铝合金门窗型材对横截面的尺寸要求十分精确。由于铝合金门窗会长期经受暴晒、侵蚀、氧化等作用，因此铝合金门窗所使用的铝型材、玻璃、密封材料、五金配件等必须有良好的质量。

▲ 铝合金型材镀锌防腐处理

▲ 防锈漆

左：铝合金型材应进行表面处理，铝合金门窗所用金属材料除不锈钢外，都应进行镀锌、涂防锈漆或其他有效防腐处理。

右：防锈漆是专用于防止钢铁类产品生锈的涂料，也是基础钢铁构造中特别重要的涂料。

补充要点

从材质入手鉴别优劣铝合金型材

1. 看宽度。铝合金门窗型材的系列数主要是用于表示门框厚度构造尺寸的毫米数，系列数选用时应根据窗洞大小和当地的具体风压值而定。通常封闭阳台的铝合金推拉门窗的系列数应不小于70系列。

2. 看厚度。铝合金门窗铝型材厚度主要有1.0mm、1.2mm、1.4mm、1.6mm、1.8mm、2.0mm、3.0mm等，厚度越大，强度越强，能承受的重量也就越大。铝合金门窗型材的单价主要由型材厚度决定。例如，90系列的断桥平开窗，有的产品厚度为1.4mm，而有的产品厚度却为1.6mm。

3. 看强度。可用手适度弯曲铝合金型材，优质的铝合金型材松手后应能恢复原状。

4. 看色度。同一根铝合金型材的色泽应一致，不能产生明显色差。

5. 看平整度。仔细观察表面，优质的铝合金型材表面应无凹陷或鼓出。

6. 看光泽度。铝合金门窗应当避免选购表面有开口气泡（白点）和灰渣（黑点），以及裂纹、毛刺、起皮等明显缺陷的型材。

7. 看氧化度。可在铝合金型材表面轻划一下，看其表面的氧化膜是否会被轻松擦掉，能被轻松擦掉的产品质量不佳。

▲ 宽度测量

▲ 厚度测量

左：铝合金型材系列代表了断桥铝横截面的宽度，如55系列断桥铝平开窗、86系列断桥铝平开窗、90断桥铝平开窗、115断桥铝平开窗等，通过宽度测量可知铝合金属于何种系列的型材。

右：可测量型材厚度，判断其质量是否达标。通常铝合金窗主要受力杆件壁厚不应小于1.4mm，铝合金门主要受力杆件壁厚不应小于2.0mm，抗拉强度应达到157N/mm^2，屈服强度要达到108N/mm^2，氧化膜厚度则应达到10μm。

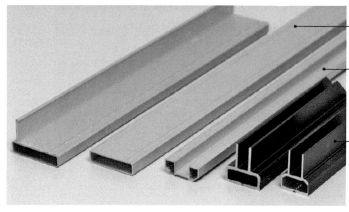

表面应当光滑，无毛刺，无气泡

表面凹槽既是装饰又能强化结构

着色型材应当无色差或颜色脱落痕迹

▲ 检查铝合金型材表面情况

3. 型材表面处理

（1）阳极氧化。阳极氧化膜的平均厚度不应小于15μm，局部膜厚不应小于12μm。

（2）电泳涂漆。电泳涂漆工艺的表面漆膜采用了透明漆，膜厚不应小于16μm，复合膜局部膜厚不应小于21μm。

（3）喷涂粉末涂料。装饰面上涂层最小局部的厚度应大于40μm。

（4）喷涂氟碳漆。二涂层氟碳漆膜，其装饰面平均漆膜的厚度不应小于30μm；三涂层氟碳漆膜，其装饰面平均漆膜的厚度不应小于40μm。

三、玻璃基本要求

　　玻璃会占据整窗面积的80%左右，铝合金门窗多选用中空玻璃，这种类型的玻璃具有较好的隔声和保温效果，其规格多为5mm＋9mm＋5mm、5mm＋12mm＋5mm、5mm＋15mm＋5mm

等。通常中空玻璃的传热系数能达到2.6W/（m²·K）。不同材质门窗的中空玻璃传热系数见表3-2。

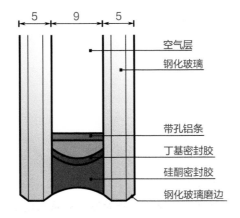

←此为5mm＋9mm＋5mm的中空玻璃结构示意图，这种玻璃是两侧为5mm钢化玻璃，中间为9mm的中空结构。

▲ 5mm＋9mm＋5mm中空玻璃结构

表3-2　不同材质门窗的中空玻璃传热系数

玻璃	间隔层/mm	间隔层气体	玻璃传热系数K_b/[W/（m²·K）]	窗框	K_e/K_b
中空玻璃	9	干燥空气	3.0	塑料	0.85～0.95
				铝合金	1.25～1.45
				断桥铝合金	1.05～1.12
	12		2.6	塑料	0.90～0.95
				铝合金	1.35～1.60
				断桥铝合金	1.10～1.20

　　为了保证基础安全，铝合金门窗最低要求应为安装钢化玻璃。安装钢化玻璃前，应当对其边缘进行预制磨边处理，这样能有效防止钢化玻璃出现破裂，避免发生安全事故。玻璃的品种与对应玻璃的建筑应用部位见表3-3。

表3-3　玻璃的品种与对应玻璃的建筑应用部位

玻璃品种	门	窗	室内隔断	普通幕墙	点支式幕墙	阁楼顶窗
钢化玻璃	◎	◎	◎	◎	◎	◎
吸热玻璃		◎		◎		
普通夹层玻璃		◎	◎	◎		◎
钢化夹层玻璃	◎	◎	◎	◎	◎	◎
普通中空玻璃		◎		◎		◎
钢化中空玻璃		◎		◎	◎	◎
夹层钢化中空玻璃		◎		◎	◎	◎

　　注：◎符号表示玻璃适用。

补充要点

铝合金门窗的*K*值

铝合金门窗的*K*值是指铝合金门窗的隔热系数（或传热系数），即铝合金门窗隔绝热量的能力：*K*值越低，铝合金门窗的隔热能力越强，铝合金门窗的保温性能也就越强。

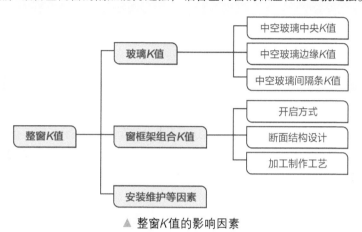

▲ 整窗*K*值的影响因素

四、五金件基本要求

铝合金门窗五金件主要用于连接门窗的各个构件；同时，铝合金门窗的使用功能也要通过五金件来体现。因此，五金件对门窗产品的质量具有十分重要的影响。

铝合金门窗常用五金件包括：传动机构用执手、旋压执手、传动锁闭器、滑撑、撑挡、插销、多点锁闭器、滑轮、单点锁闭器、内平开下悬五金系统等。

五、排水孔基本要求

1. 排水孔标准尺寸

铝合金窗排水孔的标准尺寸为：两端5mm；水孔长度32mm；排水孔长度允许偏差±2mm。

2. 窗框排水孔位置

（1）采用玻璃内外胶条密封，当开启扇或固定玻璃分格*L*＜400mm时，取中开1个排水孔。

（2）当开启扇或固定玻璃分格*L*＞400mm，且固定玻璃分格*L*＜1400mm时，左右各距框内口80mm处为排水孔中线位置。

（3）当固定玻璃分格*L*＞1400mm时，于固定部分取中间位置加开1个排水孔。

3. 窗扇排水孔位置

（1）当窗扇宽度*L*＜600mm时，应于玻璃侧边距窗扇内口120mm处开设1个排水孔，下面取中间位置开孔。

（2）当窗扇宽度*L*＞600mm时，应于玻璃侧边距窗扇内口120mm处开设1个排水孔，下面左、右距边180mm处各开1个排水孔。

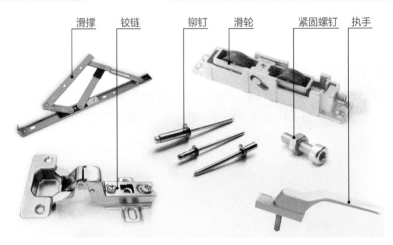

▲ 铝合金门窗主要五金件

上：铝合金门窗五金件一般不用铝合金型材，而是采用强度更高的镀锌铁合金、铜合金、不锈钢等材质的型材。这些材质能强化门窗的整体结构，提高门窗的耐用性。

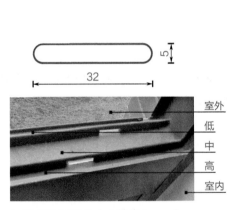

▲ 排水孔标准尺寸（单位为mm）

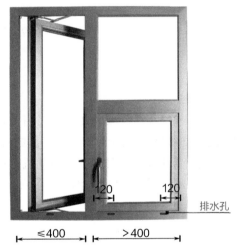

▲ 窗框排水孔位置标注（单位为mm）

左：室内侧型材层面较高，排水孔位置也较高；相对应的室外侧排水孔位置较低，只有这样才能将水导流出去。

右：排水孔是铝合金门窗中必不可少的结构，必须严格按照尺寸设计、施工。

第二节　铝合金型材生产工艺

微信扫码

常见的铝合金型材有普通铝合金型材与隔热铝合金型材两类，其中隔热铝合金型材也被称为隔热型材。这种型材是由普通铝合金型材组成内、外层，为中间部位通过导热系数比较低的非金属隔热材料连接成隔热桥的一种复合型材。

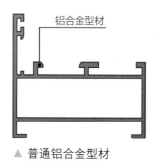

▲ 普通铝合金型材　　　　　　　　　　▲ 增强尼龙隔热条与铝合金型材

一、热挤压型材生产工艺

目前，铝合金型材基本都采用挤压方式制成，这种成型方式的加工灵活性比较高，且成本较低，操作也比较简单，效率也很高。实际加工时，只需要更换模具等挤压工具便可在一台设备上生产形状、规格和品种不同的铝合金型材。

←铝合金热挤压型材的尺寸精度较高，表面质量也比较好，且整体施工工艺流程也很简单，生产操作很方便。

▲ 铝合金热挤压型材

▲ 铝合金热挤压型材生产工艺流程图

上：铝合金型材挤压工艺主要是通过将铝合金放入挤压筒内，并对其施加一定的压力，使铝合金能够从特定的模孔中流出，经过冷却之后能够获得生产所需的截面形状和尺寸。

1. 挤压筒、铝合金铸锭加热

为保证铝合金型材的质量，挤压机在挤压成型生产前应预加热挤压筒，预加热温度为400～450℃。型号不同的铝合金，加热温度也会有所不同。通常建筑门窗用铝合金的加热温度上限应为560℃，且在挤压6063、6061合金型材时，为了保证处理效果，可在500～510℃温度下加热。

2. 挤压工具、模具加热

在使用挤压工具前，应当将模具和原料预加热至350～400℃，预热前必须仔细检查挤压工具的尺寸和表面状况等。注意挤压工具表面不能有碰伤、划痕等现象。

3. 挤压成型

挤压成型时要控制好挤压速度，挤压时要保证铝合金型材表面不产生裂纹、毛刺等缺陷；同时，还要保证铝合金型材的弯曲度、平面间隙。此外，挤压速度还会受到铝合金尺寸、挤压温度、制品形状、润滑条件等因素影响，应根据实际情况选用合适的挤压速度。

4. 淬火

目前6061、6063等常用的铝合金型材，都是在挤压机上直接风冷或水冷淬火成型。6061型材的淬火敏感度要比6063型材大。因此，6063型材在挤压生产时应当采用风冷淬火成型，而6061型材则应采用水冷淬火成型。

5. 拉伸矫直

铝合金型材经挤压成型后，还需适当冷却，冷却后便可对其进行拉伸矫直。注意拉伸矫直需在铝合金型材冷却至50℃以下时才能进行，否则铝合金型材很有可能会出现开裂。通常铝合金型材的拉伸率为0.1%～2%。

二、穿条式隔热型材生产工艺

穿条式隔热型材是选用条形隔热材料与铝合金型材相结合，经过机械开齿、穿条、滚压等工序形成隔热桥的一种复合型材。此外，施工时可用隔热条将这两部分型材连接起来，隔热条能起到很好的隔热断桥效果。

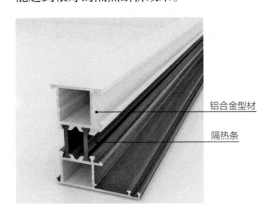

铝合金型材

隔热条

←穿条式隔热型材是由两个隔热条来连接上、下两种不同的材料。这种加工方式不仅能获得较好的隔热效果，节能效果也很不错。

▲ 穿条式隔热铝合金型材

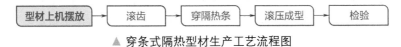

型材上机摆放 → 滚齿 → 穿隔热条 → 滚压成型 → 检验

▲ 穿条式隔热型材生产工艺流程图

上：穿条式隔热型材生产加工前必须准备好加工所需的型材、图纸、胶条等，并按生产计划单和图纸要求进行核对，确定无误后才能进行加工、生产。

穿条式隔热型材的优势在于连接自由，适用于对强度有要求的铝合金型材连接。

1. 滚齿

采用滚齿机可以在铝合金型材的隔热槽上滚压出锯齿状的压痕，这样能有效提高隔热型材的纵向抗剪强度，滚齿质量越高，抗剪强度就越高。在滚齿前应当调节好滚齿机支承轮与滚齿轮的高度和宽度，且滚齿后应检查滚出的齿形，深度应为0.6～0.8mm。

2. 穿隔热条

将隔热条穿入铝合金型材的隔热槽内，连接两部分铝合金型材。

首先，穿隔热条时，应根据型材的形状，将一部分铝合金型材隔热槽口向上放置，预调好穿条机出料口的高度和宽度；然后，将另一部分铝合金型材隔热槽口朝下，叠放在槽口向上放置的型材上，使上、下两部分铝合金型材的槽口对正。最后，启动穿条机送料开关，将隔热条穿入型材隔热槽内。

3. 滚压成型

滚压机能将铝合金型材的隔热槽压紧，使隔热条与铝合金型材牢固地连接起来。当滚压力过小时，隔热型材的纵向抗剪强度也比较小，从而达不到标准要求；当滚压力过大时，隔热槽容易开裂，因此要控制好滚压力。

三、浇注式隔热型材生产工艺

浇注式隔热型材的优势在于工艺简单，适用于对强度没有要求的型材连接，这类型材的连接强度不高。

1. 注胶

为了防止液态隔热材料溢出，在注胶前应采用胶黏带封住铝合金型材隔热槽的两端，注胶时要调节好浇注口的角度和深度。当浇注嘴插入隔热槽时，要防止空气进入，以免隔热槽中产生气泡，影响加工效果。

2. 固化

为了保证最终的成型效果，浇注后应当将隔热型材放置于室内或与室温环境相同的环境下，并等待隔热型材固化。如果隔热材料为硬质聚氨酯泡沫塑料，温度为22℃时的固化时间为24h。

3. 切桥

切桥是将隔热型材两部分的铝合金型材之间的临时金属桥切除，从而使铝合金型材之间不再连接在一起。这两部分铝合金型材只能通过隔热材料结合在一起，这种加工方式同样可以起到很好的隔热作用。但需注意，切桥必须在固化后进行，切除临时金属桥时还需防止损坏铝合金结构。

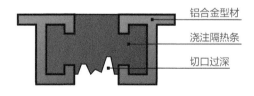

▲ 切口过深

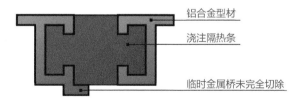

▲ 临时金属桥未完全切除

补充要点

浇注式隔热型材打齿工艺的注意事项

1. 应选择合适的型材进给速度和刀头速度，以便获取最佳的打齿间隙、深度与高度。

2. 可通过提高型材进给速度来提高打齿间距，或缩小型材进给速度来缩小打齿间距，具体数值应依据现场施工情况而定。

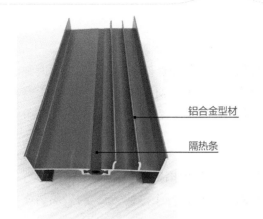

铝合金型材

隔热条

←浇注式隔热铝合金型材具有多重优势，它能将铝合金强度高的特性和聚氨酯（PU）树脂热导率低的特性结合在一起。

▲ 浇注式隔热铝合金型材

型材上机摆放 → 注胶 → 固化 → 切桥 → 检验

▲ 浇注式隔热型材生产工艺流程图

上：浇注式隔热铝合金型材主要是通过将隔热材料浇注到铝合金型材的隔热腔体内，经过固化、去除断桥金属等工序后形成隔热桥，从而阻隔热量的传导。

第三节　铝合金型材表面处理工艺

微信扫码

铝合金表面处理技术能使铝合金门窗型材获得更好的综合性能，它不仅能改善、提高铝合金材料的物理、化学性能，如耐腐蚀性、化学稳定性、耐磨性等，还能在铝合金材质表面赋予色彩与质地，从而有效提高铝合金材料的装饰性。

目前铝合金型材表面处理工艺很多，可以满足多种不同需要，主要处理方式有阳极氧化处理、电泳涂漆处理和喷涂处理等。不同的处理方式所生成的表面处理膜性能会有所差异（表3-4）。

表3-4　表面处理膜特性比较

项目	阳极氧化膜	电泳涂漆膜	粉末喷涂膜	氟碳漆喷涂膜
耐候性	差	差	优	良
耐腐蚀性	优	优	良	优
颜色多样性	良	优	优	优
产品品质	良	良	优	优
生产工艺环保性	差	差	差	优

注：优＞良＞差。

一、阳极氧化处理工艺

阳极氧化处理工艺包括阳极氧化、电解着色、封孔处理等。建筑用铝合金型材大多采用阳极氧化处理工艺，电解着色主要采用锡盐着色技术，封孔处理主要采用冷风孔工艺。

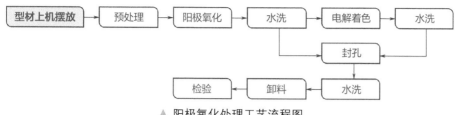

▲ 阳极氧化处理工艺流程图

上：阳极氧化技术既能很好地克服铝合金外表面硬度低、耐磨损性差等方面的缺陷，同时也能很好地延长铝合金型材的使用寿命。

1. 基材上料

将基材固定在导电杆上，加工前要确保基材与导电杆接触良好，否则很容易导致阳极氧化膜太薄，严重时甚至无法进行阳极氧化处理。

2. 预处理

预处理是指采用脱脂、碱洗、中和等技术对铝合金型材表面进行处理。脱脂能去除铝型材表面附着的油脂、污垢、残屑等。碱洗是为了进一步调整铝合金型材的表面粗糙度，以及增加或减少铝合金型材表面的光亮度，通常碱洗温度为40～60℃。

3. 阳极氧化处理

电解质的槽液主要为硫酸溶液，加工时应当控制好硫酸的浓度，硫酸浓度为140～170g/L。

4. 电解着色

电解着色后会产生铝合金阳极氧化膜。这种氧化膜具有较好的封孔性能和耐腐蚀性能，着色效果较好，目前已广泛应用于铝合金门窗型材的着色工艺中。

5. 封孔

封孔能够使铝合金制品具有良好的耐腐蚀性、耐候性和耐磨性，从而获得较长的使用寿命。目前最常用的铝合金型材阳极氧化膜封孔，主要采用冷封孔处理和电泳涂漆处理。

▲ 铝合金阳极氧化设备

▲ 阳极氧化铝型材

左：铝合金阳极氧化设备包括全自动氧化设备、半自动氧化设备、手动氧化设备、氧化前处理设备等，应根据生产需求合理选用。

右：阳极氧化铝型材是指铝合金采用电解液工艺，受外加电流作用，在铝制品（阳极）上形成一层氧化膜，阳极氧化铝外表可以通过电解着色。

▲ 铝合金阳极氧化加工亚光效果

▲ 电解着色后颜色丰富

左：铝合金型材的亚光效果是在氧化过程中加入碱砂或酸砂形成的，碱砂是将铝合金型材放入浓度较高的碱性溶液中，利用碱性溶液对铝型材表面的腐蚀作用，从而形成亚光效果；酸砂的原理与其相似，主要是让铝合金型材表面被腐蚀一部分，这样表面效果会更自然，但这种工艺会对铝型材造成损耗，且会产生废水。

右：电解获得透明度高的氧化膜后，其表面可以吸附多种有机染料或无机颜料，氧化膜上还可获得各种光亮、鲜艳的色彩和图案。例如，经过多次着色或增添木纹图案等，能使铝合金型材的外观更加美丽悦目。

二、电泳涂漆处理工艺

电泳涂装是将铝合金型材浸渍在电泳漆中（阳极或阴极），在电泳漆中设置与其对应的阴极或阳极，在两极间通直流电，从而在铝合金型材上析出均匀、不溶于水的涂膜。

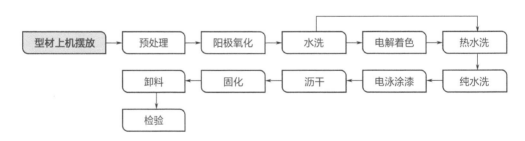

▲ 电泳涂漆处理工艺流程图

上：电泳涂漆处理工艺是在电场作用下，在铝合金型材阳极氧化膜表面上沉积一层有机涂料膜，该涂料膜可经高温固化成型。这种工艺能使铝合金型材表面呈现光洁、柔和的状态，并能有效突出金属的质感，同时也能抵抗水、泥、砂浆和酸雨的侵蚀；尤其是在异型材的表面处理上，相比普通涂装效果要好。

▲ 电泳涂装阳极设备　　　　　　　　　　▲ 电泳槽阳极电镀

左：在电泳涂装中会不断产生有机酸，如果不及时除去，有机酸进入槽液后会使pH值下降，这会影响槽液pH值的稳定性，影响泳透力及涂膜性能。建议通过使用半透膜来有效去除有机酸，从而维持整个生产的平衡性。

右：铝合金门窗型材多采用阳极电泳涂漆工艺，阳极电泳涂漆处理所用的水溶性树脂是酸度较高的羧酸铵盐。

1. 基材上料、预处理、阳极氧化、电解着色处理

基材上料、预处理、阳极氧化和电解着色处理工序与上述阳极氧化处理工艺相同。

2. 热水洗

热水洗主要是通过使铝合金型材的阳极氧化膜扩张，从而对其进行彻底清洗，这样能避免杂质离子污染电泳槽液；同时，对阳极氧化膜也有一定的封闭作用，且能提高铝合金型材的耐腐蚀性能。

3. 纯水洗

对铝合金型材进行清洗，不仅能预防杂质进入电泳槽，同时也能使型材温度恢复到室温，避免型材在高温状态进入电泳槽，加速电泳槽液的老化。

4. 电泳涂漆

电泳涂漆属于核心工序，是决定涂装质量的关键工序。需要控制的参数主要有槽液的固体组分、pH值、电泳温度、电导率、电泳电压和电泳时间等。

5. 烘烤固化

烘烤固化能促进固化剂与成膜树脂发生反应，从而使铝型材表面形成具有装饰性和保护性的涂层。固化条件应根据电泳漆性质来确定，烘烤固化温度多为195～200℃，固化时间约为30min。

木纹热转印

木纹热转印是指在电泳涂漆或粉末喷涂的基础上，根据高温升华热渗透的原理，通过加热、加压，将转印膜上的木纹图案，快速转印并渗透到已经喷涂或电泳完毕的铝合金型材上。

▲ 转印木纹铝合金型材　　　　　　　　　　▲ 转印木纹铝合金平开窗

左：热转印仿木纹是比较多样化的表面处理方式，经过该方式处理后的型材有丰富多样的颜色，且型材的实用价值、装饰效果与艺术性也能得到很好提升。

右：木纹铝合金平开窗纹理清晰、立体感强，更能体现木纹的自然感觉，是代替传统木材的理想节能环保材料。

三、喷涂处理工艺

喷涂处理工艺主要包括粉末喷涂处理工艺和静电液体喷涂处理工艺。

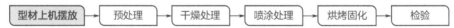

▲ 喷涂处理工艺流程图

上：用静电喷粉设备将粉末涂料喷涂到工件的外表，在静电作用下，粉末均匀吸附于工件外表，形成粉状涂层。粉状涂层经过高温烘烤流平固化后，最终会变成涂层。

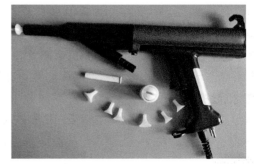

▲ 静电粉末　　　　　　　　　　▲ 静电粉末喷涂枪

左：粉末涂料为无机溶剂型涂料，这大大减少了有机溶剂带来的污染公害，同时也避免了因有机溶剂而引起的操作人员中毒，或因有机溶剂而引发的爆炸事故。

右：静电粉末喷涂是对喷枪施加负高压，对被涂工件做接地处理，从而使之在喷枪和工件之间形成高压静电场。

补充要点

铝型材表面静电粉末喷涂处理缺陷

1. 上粉率低。上粉率低主要与涂料颗粒大小和密度有关。过大或过小的涂料颗粒，不易被吸附于铝型材的表面；喷枪的电压过低或过高，喷枪的喷粉距离过长或过短，会使涂层的上粉率不良；过大的空气压力会使粉末在铝型材表面反弹，实际附着在涂层表面的粉末不多。

2. 遮盖力不足。所用涂料太少，不足以覆盖涂层表面，因而使涂层厚度不达标，造成铝型材的遮盖力不足。

3. 表面失光泛黄。粉末涂料的混合会发生相互干扰，从而会使表面失光发黄；喷枪内没有清理干净，不同性质的粉末掺杂在一起，则会导致固化温度过高和固化时间过长，固化温度通常为100～120℃。当固化温度过低或过高时，会严重影响涂层的流平性。

4. 物理性能不良。固化的温度和时间不足，或固化温度太高，烘烤时间过长，涂膜太厚都会使涂膜的耐冲击性、抗弯曲性和硬度降低，从而影响铝合金型材的物理性能。

5. 耐化学性能不良。颜料的化学性能不稳定，配方设计不合理，树脂和固化剂匹配不合理等都会影响最终效果。

1. 预处理

表面预处理可采用脱脂和化学转化处理这两种方式。脱脂不仅要去除铝合金型材表面附着的油脂、污垢、残屑等，还需去除型材表面的氧化膜。

铝合金型材表面脱脂应采用脱脂剂进行处理，应在基材表面形成一层化学转化膜，以增强基材与涂层之间的附着性，并对基材起到保护作用。

2. 高温干燥处理

铝合金型材干燥时应控制好干燥温度，经过铬化或磷-铬化处理后铝合金型材的干燥温度不应高于68℃，处理后的干燥温度不应高于86℃；否则，温度过高会使表膜失去水分而出现开裂现象。

3. 喷涂处理

（1）静电粉末喷涂处理。利用高压静电原理，通过粉末喷涂枪将粉末涂料涂覆到铝合金型材表面，形成一层具有保护性和装饰性的有机膜。粉末涂料均匀地吸附在工件表面，经过后道工序的固化处理，形成均匀、连续、平整、光滑的涂层。通常以喷涂距离200～300mm效果为最佳。如果喷涂距离过大，涂料的沉积效率会太低。如果喷涂距离过小，易引起火花放电，使粉末涂料被击穿，影响涂层质量。

（2）静电液相喷涂处理。对喷枪施加负高压，通过静电喷涂枪将液体涂料涂覆到铝合金型材表面，形成具有保护性和装饰性的有机聚合物膜。丙烯酸漆和聚酯漆只需喷涂1遍，氟碳漆喷涂需要喷涂2～4遍。喷涂时，若喷枪与铝合金型材的距离过短，很容易产生火花放电；距离太远，则漆雾附着率降低。通常建议将距离保持在180～320mm。

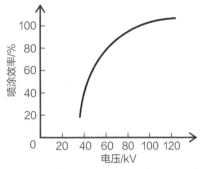

←当电压低于40kV时，喷涂效率仅为20%左右，此后喷涂效率会随着电压升高而有所增加；当电压为60kV时，喷涂效率可达60%以上，电压继续升高，喷涂效率也会随之缓慢增加。

▲ 静电粉涂效率与电压的关系

4. 烘烤固化

烘烤固化主要有以下要求：当固化条件达不到工艺要求时，这可能会对涂层的耐候性、附着性、耐化学稳定性、抗冲击性等产生不良影响。对于不同的涂料，其固化条件不一样，生产时应严格按涂料供应商提供的工艺要求进行控制。通常粉末涂料的固化条件是200℃/10min，氟碳涂料的固化条件是235℃/10min。

补充要点

氟碳喷涂

氟碳喷涂是一种静电喷涂，也是液态喷涂的方式。氟碳漆是以聚偏二氟乙烯（PVDF）树脂烘烤为基料，或配以金属铝粉为色料制成的涂料。质量优良的氟碳涂层具有金属光泽，且颜色鲜明，立体感比较明显。

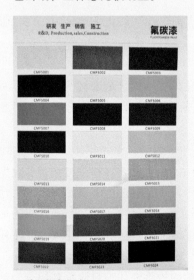

▲ 氟碳漆色卡　　　　　　　▲ 氟碳漆铝型材

左：氟碳漆颜色多样，在选择氟碳漆颜色时，通常要一次性确定其光泽度、表面效果等。

右：经过氟碳漆喷涂后的铝合金型材质地平和，表面质感为亚光状态，视觉审美效果较好。

第四节　断桥铝合金门窗型材选用

一、断桥铝合金型材

铝合金型材是在纯铝中加入多种金属元素，配比成各种标号的铝合金，再进行高温挤压成型，形成铝合金基材，然后再对其进行各种表面处理，从而使其成为成品铝合金门窗型材。断桥铝合金型材的生产流程与上述流程基本相同，只是在形成成品之前会加入隔热材料。

断桥铝合金型材的内外两面可以是相同型材，也可以是不同型材。受地域、气候影响，隔热材料和铝合金型材的膨胀系数差距很大，因此要求隔热材料的物理性能必须要与铝合金型材的物理性能接近，否则会使断桥受到破坏。

（a）隔热条　　　　　　　（b）隔热条与型材结合　　　　（c）断桥铝合金门窗样本

▲ 隔热条

上：隔热条与型材紧密连接，可以有效减少热传导与热辐射。

二、断桥铝合金型材的优点

断桥铝合金型材被广泛应用于建筑门窗制作，主要有以下几个优点。

1. 密封性能好

断桥铝合金门窗采用防风雨设计，其抗风压及气密性能够达5级以上，水密性能为5级以上。

2. 节能与防结露

断桥铝合金型材的中间部位为非金属隔热材料，能有效阻止建筑室内外的热量传导，可节约40%以上的能源，且门窗的室内表面温度与室温接近，降低了型材室内表面温度与室内温度差距大而导致门窗结露的概率。

3. 环保舒适

断桥铝合金门窗采用的是中空玻璃与型材的多腔结构，能够有效降低声音传输所产生的共振效应，同时也能营造出舒适的居室环境。因此，可以适当减少空调和暖气设备的使用次数，以达到节能的目的。

4. 装饰效果

断桥铝合金门窗表面可采用不同的表面处理方法，配以不同的色彩，以营造室内外不同风格的装饰效果。

三、铝木复合型材

目前比较流行的中高档门窗型材为铝木复合型材。这种型材具有一定的隔热功能，装饰效果也较好，主要是指室外侧使用铝合金型材，室内侧使用木材，两者之间通过连接卡件或螺钉和穿压式等连接方式复合在一起的型材。

从断面结构上区分，铝木复合型材可分为铝包木和木包铝两种。

1.铝包木

以铝合金型材为主材，内侧为木材，成本较适中，具有较强的装饰性能和保温性能。

2.木包铝

以木材为主材，铝型材为辅，木材外扣铝合金型材，能起到增强型材的耐候性作用。以该型材生产的门窗性能和木门窗相近，但成本较高。

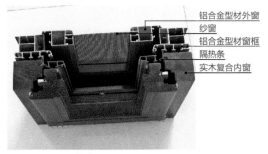

铝合金型材外窗
纱窗
铝合金型材窗框
隔热条
实木复合内窗

(a) 样本关闭状态

铝合金型材外窗
纱窗
铝合金型材窗框
隔热条
密封胶条
5mm+12mm+5mm
中空玻璃
防潮铝条
聚氨酯密封胶
实木复合内窗

(b) 样本开启状态

▲ 铝合金、实木复合、纱窗一体窗

上：这款复合一体窗能防蚊、防虫，不影响美观。纱窗与整体铝框连为一体，预防坠窗，隐形通透，真正体现了防盗、防蚊、通风换气的性能特征。

补充要点

铝合金窗与塑钢窗对比

1. 用途不同。塑钢窗适用于低层住宅，而铝合金窗适用于高层建筑，相对而言其对质量及各方面要求较高。

2. 材质、性能不同。塑钢窗经过长时间使用容易发生变形，存在一定的使用安全隐患，且密封性能不如高性能铝合金窗。

3. 价格不同。铝合金窗价格通常比塑钢窗的价格要高一些，但是铝合金窗的使用寿命较塑钢窗的使用寿命长，性价比更高。

▲ 铝合金型材

▲ 塑钢型材

左：铝合金型材强度高，结构简单；外表色彩丰富，质地坚韧。

右：塑钢型材强度不够，内部带有钢衬，结构复杂；外表色彩以白色为主，色彩单一。

第四章
铝合金门窗玻璃

学习难度: ★★★☆☆

重点概念: 平板玻璃、钢化玻璃、镀膜玻璃、吸热玻璃、中空玻璃、安全玻璃

章节导读: 铝合金门窗占据面积最大的是玻璃,玻璃的性能直接影响了铝合金门窗的性能。玻璃不仅能够有效提升建筑的采光性能、隔声性能,同时也能提升窗户的安全性能和保温性能。本章详细介绍平板玻璃、镀膜玻璃、中空玻璃、安全玻璃等常见玻璃品种的相关内容。

▼ 落地窗的窗玻璃

下:不同的建筑结构类型有着不同的窗墙比,通过节能计算,可以得出不同门窗项目需要配置的不同中空层厚度和玻璃厚度。

第一节　平板玻璃

平板玻璃也被称为普通玻璃。这种玻璃具有良好的透光、隔热、隔声、耐磨、耐气候变化等特点，广泛应用于镶嵌铝合金门窗中。

▲ 普通平板玻璃

▲ 掺有金属着色剂的有色平板玻璃

左：普通平板玻璃多为无色透明或稍带淡绿色，玻璃的薄厚应均匀，尺寸应规范，表面应当没有或少有气泡、划痕等瑕疵。

右：有色玻璃是在普通玻璃中加入着色剂，使极小颗粒悬浮在玻璃体内，从而使玻璃着色。这种玻璃能够吸收太阳可见光，减弱太阳光的强度，需注意玻璃在吸收太阳光线的同时自身温度也会升高，因此容易产生热胀裂。

一、平板玻璃分类

平板玻璃种类较多，且不同的平板玻璃厚薄度也会有所不同。玻璃表面的形态也各有不同，后期可通过着色、表面处理、复合等各种工艺对平板玻璃进行加工处理。

1. 按厚度划分

依据厚度的不同可以将平板玻璃分为普通平板玻璃、薄玻璃、超薄玻璃、极超薄玻璃、厚玻璃、超厚玻璃、特厚玻璃等。根据国家标准《平板玻璃》（GB 11614—2009）规定，净片玻璃按厚度可分为2mm、3mm、5mm、6mm、8mm、10mm、12mm、15mm、19mm、22mm、25mm等多种规格，不同厚度的平板玻璃用途也有一定差异。玻璃的厚度及用途见表4-1。

表4-1　玻璃的厚度及用途

厚度 /mm	品种	用途
<0.1	极超薄玻璃	用于特殊电子设备屏幕与镜头等
0.1 ~ 1.5	超薄玻璃	用于普通电子设备屏幕等
1.5 ~ 3	薄玻璃	用于小幅面画框装裱、镜面等
4 ~ 6	普通玻璃	用于外墙窗、门扇等小面积透光构造
7 ~ 9	厚玻璃	用于室内屏风等较大面积且有框架保护的构造
10	较厚玻璃	用于室内大面积隔断、栏杆等装修
12 ~ 19	超厚玻璃	用于大尺寸玻璃隔断、建筑幕墙、银行柜台等
19 ~ 30	特厚玻璃	用于特殊建筑构造、工业器械、防爆器材等

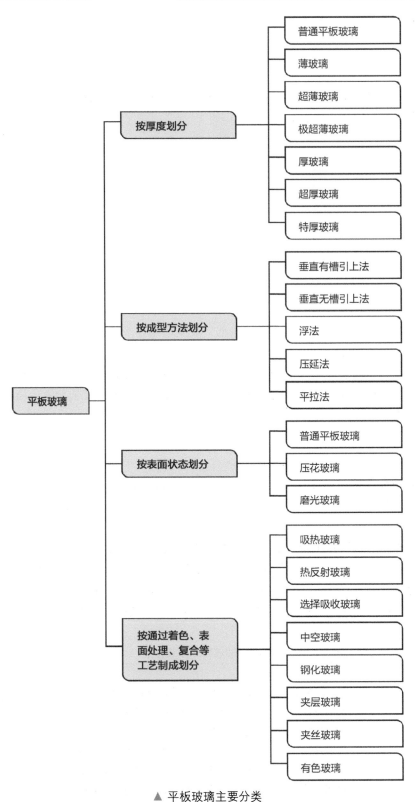

▲ 平板玻璃主要分类

补充要点

玻璃厚度的称谓

在称呼玻璃的厚度时，毫米（mm）俗称为厘。通常大家所说的3厘玻璃，就是指厚3mm的玻璃。

2. 按成型方法划分

平板玻璃的成型方法主要包括垂直有槽引上法、垂直无槽引上法、浮法、压延法、平拉法等。

3. 按表面状态划分

依据表面状态的不同可将平板玻璃分为普通平板玻璃、压花玻璃、磨光玻璃、浮法玻璃等几种。其中，压花玻璃是将熔融的玻璃液在急冷过程中，通过带图案花纹的辊轴滚压而成的制品，可一面压花，也可两面压花。

▲ 彩色压花玻璃

上：彩色压花玻璃透光不透明，其表面有各种图案花纹，且表面凹凸不平，当光线通过时会产生漫反射。因此，从玻璃的一面看另一面时，物象模糊不清。

4. 按通过着色、表面处理、复合等工艺制成划分

主要可分为吸热玻璃、热反射玻璃、选择吸收玻璃、中空玻璃、钢化玻璃、夹层玻璃、夹丝玻璃、有色玻璃等。

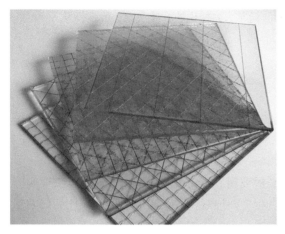

（a）钢丝网片夹层玻璃　　　　　　　　　（b）夹胶玻璃

▲ 夹层玻璃

上：夹层玻璃属于复合玻璃，主要由两片或多片玻璃组成。玻璃之间夹有一层或多层有机聚合物中间膜，经过特殊的高温预压（或抽真空）及高温高压工艺处理后，能够使玻璃和中间膜永久粘接为一体，通常夹层玻璃中间膜材料有：PVB（聚乙烯醇缩丁醛）、SGP离子树脂、EVA（乙烯-醋酸乙烯酯共聚物）、PU等。

 补充要点

选购平板玻璃制品

检查玻璃表面色泽是否正常，内部是否有气泡、结石和波筋。如果在制造过程中，没有做好冷却工作，极有可能产生气泡，这些气泡、结石会严重影响玻璃制品的美观；同时，也会降低玻璃制品的热稳定性和机械强度，严重时还会导致玻璃制品出现碎裂。

二、生产工艺

平板玻璃比较薄，它的生产厚度只有5mm左右，平整度和厚度相差较多，经过一定的喷砂和雕磨，再加上表面腐蚀处理后，便可将平板玻璃制作成屏风、黑板、隔断等。

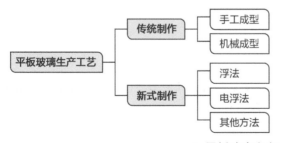

←平板玻璃主要有传统制作和新式制作两种生产工艺。质量较好的玻璃还可以进行深加工，以赋予玻璃更多的特性，如原片玻璃。

▲ 平板玻璃生产工艺

1. 传统制作

（1）手工成型。主要有吹泡法、冕法、吹筒法等，但这些方法生产效率比较低，所制作的玻璃表面质量较差，目前已逐步被淘汰，只有在生产艺术玻璃时会采用手工成型的生产工艺。

（2）机械成型。主要有压延、有槽垂直引上、对辊（也称旭法）、无槽垂直引上、平拉和浮法等制作方法。

2. 新式制作

新式制作的方法比较多，这里主要介绍浮法制作的相关内容。

（1）制作原理。浮法制作玻璃是通过在金属锡液面上持续流入玻璃液，使玻璃液漂浮在金属液面上，经过一段时间后，在玻璃的表面张力、重力和机械拉引力的共同作用下，将会得到不同厚度的玻璃带。玻璃带经过退火、冷却等一系列工序后，就成为平板玻璃。

▲ 传统手工吹制玻璃

▲ 传统机械制作

左：传统手工吹制玻璃成型主要依靠手感与经验，这种方法的制作难度比较大，劳动强度也比较高。但制作的玻璃经久耐用，不仅灵活性比较强，艺术价值也非常高。

右：可使用机械成型的方法来完成玻璃产品的成型和后期加工，这种方式不仅能有效节约人工成本，降低劳动强度，还能提高生产效率。

（2）电浮法。这种方法是在锡槽内高温玻璃带的表面，将铜铅等合金作为阳极，锡液作为阴极，然后接通电流，利用各种金属离子来使玻璃表面上色，或设置热喷涂装置来生产表面着色的玻璃、热反射玻璃等。

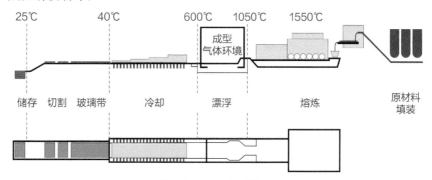

▲ 浮法玻璃的生产系统示意图

上：浮法玻璃是以海砂、硅砂、石英砂、岩粉、纯碱、白云石等为原料，在熔窑中经过1520～1570℃高温熔融后，注入熔融的锡金属液面上，从而使玻璃液靠自身的重力而均匀平摊于锡液上，再经拉引、逐步退火、裁割而成。

第二节 钢化玻璃

钢化玻璃属于安全玻璃，不仅力学性能优良，耐热冲击性能和耐热梯度也十分不错，且机械强度也是普通玻璃的6倍，广泛用于高层建筑门窗、玻璃幕墙等领域。但是，要特别注意这种玻璃不能进行切割或钻孔等机械加工。

一、钢化玻璃分类

1. 按平整度分

钢化玻璃依据平整度的不同可分为优等品和合格品。其中，优等钢化玻璃可用于汽车挡风玻璃，合格品则可用于建筑铝合金门窗装饰。

2. 按形状划分

钢化玻璃依据形状的不同又可分为平面钢化玻璃和曲面钢化玻璃。

（1）平面钢化玻璃。这种玻璃的厚度主要有3.4mm、4.5mm、5mm、5.5mm、6mm、7.6mm、8mm、9.2mm、11mm、12mm、15mm、19mm等多种规格。

（2）曲面钢化玻璃。这种玻璃的厚度主要有3.4mm、4.5mm、5.5mm、7.6mm、9.2mm、11mm、15mm、19mm等多种规格。当然，具体加工后的厚度还取决于各厂家的设备和技术。

▲ 平面钢化玻璃储存　　　　　　　　　　　▲ 曲面钢化玻璃

左：平面钢化玻璃在储存时不建议平放在地面，运输过程中要避免被硬物撞击。

右：曲面钢化玻璃对每种厚度都有一定的弧度限制，常用于汽车、火车、飞机等方面。

二、生产工艺

钢化玻璃是利用磨光玻璃、普通平板玻璃、浮法玻璃等玻璃加工而成的，主要是通过在炉中加热这些玻璃，并控制好加热环境，使其接近玻璃的软化点，然后再采用高速吹风骤冷技术制成。

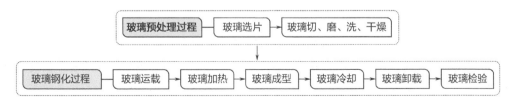

▲ 钢化玻璃的生产系统示意图

三、性能要求

建筑门窗采用的钢化玻璃外观质量和性能应符合现行国家标准《建筑用安全玻璃　第2部分：钢化玻璃》（GB 15763.2—2005）的规定。

1. 弯曲度

弯曲度仅适用于平面钢化玻璃，弓形时应不超过0.5%，波形时应不超过0.3%。

2. 抗弯强度

平面钢化玻璃的抗弯强度应按照规定进行测定，应取试样30块进行抗弯试验，通常平面钢化玻璃强度的平均值不得低于200MPa。

3. 耐热冲击性能

钢化玻璃即使在200℃温差环境下也不会被破坏，可取4块试样进行试验。当4块试样全部符合规定时则认为该项性能合格；当有2块以上试样不符合规定时，则认为不合格；当有2块试样不符合规定时，则需重新追加4块试样，只有全部符合规定时才可判定为合格。当有1块试样不符合规定时，则需重新追加1块试样。如果该钢化玻璃符合规定，则认为该项性能合格。

4. 碎片状态

可取4块玻璃试样进行试验，每块试样在任何50mm×50mm区域内的最少碎片数必须满足表4-2的要求，且允许有少量长条形碎片，其长度不可超过75mm。

表4-2　每块试样在任何50mm×50mm区域内的最少碎片数

玻璃品种	公称厚度 /mm	最少碎片数 / 片
平面钢化玻璃	3	30
	4 ～ 12	40
	≥ 15	30
曲面钢化玻璃	≥ 4	30

5. 热稳定性

可选用3块钢化玻璃试样，并进行试验，3块试样均不应破碎。

6. 外观质量

钢化玻璃的外观质量和允许缺陷数必须符合表4-3的规定。

表4-3　钢化玻璃的外观质量和允许缺陷数

缺陷名称	说明	允许缺陷数
爆边	每片玻璃每米边长上允许有长度不超过10mm，自玻璃边部向玻璃板表面延伸深度不超过2mm，自板面向玻璃厚度延伸深度不超过厚度 1/3 的爆边个数	1条
划伤	宽度在 0.1mm 以下的轻微划伤，每平方米面积允许存在条数	长度≤100mm 时，4条
	宽度大于 1.1mm 的划伤，每平方米面积允许存在条数	宽度0.1～1mm，长度≤100mm 时，4条
夹钳印	夹钳印与玻璃边缘的距离≤20mm，边部变形量≤2mm	
裂纹、缺角	不允许存在	

7. 尺寸与误差要求

（1）平面钢化玻璃的尺寸应由供需双方共同商定，平面钢化玻璃的尺寸允许偏差应符合表4-4的规定。

表4-4　平面钢化玻璃的尺寸允许偏差　　　　　　　　单位：mm

玻璃厚度	长边的长度（L）			
	$L \leq 1000$	$1000 < L \leq 2000$	$2000 < L \leq 3000$	$L > 3000$
3、4、5、6	＋1、−2	±3	±4	±5
8、10、12	＋2、−3			
15	±4	±4		
19	±5	±5	±6	±7
≥19	供需双方商定			

（2）曲面钢化玻璃的形状和边长的允许偏差、吻合度同样应由供需双方共同商定。

（3）钢化玻璃的厚度允许偏差应符合表4-5的规定。

表4-5　钢化玻璃的厚度允许偏差　　　　　　　　单位：mm

名称	玻璃厚度	厚度允许偏差
钢化玻璃	4.0	±0.3
	5.0	
	6.0	
	7.0	
	8.0	
	10.0	±0.6
	12.0	±0.8
	15.0	
	19.0	±1.2

补充要点

钢化玻璃自爆现象

由于玻璃中存在微小的硫化镍结石，经过热处理后，玻璃中的一部分结石会随着时间的推移而发生晶态变化，结石的体积不断增大，最后在玻璃内部引发微裂，从而导致钢化玻璃出现自爆现象。

←在自爆玻璃上可以看到类似蝴蝶状纹；显微镜下或对光反射时还可以看到爆心杂质，这些杂质围绕着蝴蝶纹，以向外呈放射状的形式呈现出碎裂的裂纹。

▲ 钢化玻璃自爆

 第三节 镀膜玻璃

镀膜玻璃别称为反射玻璃。这种玻璃是通过在玻璃表面涂镀一层或多层金属化合物薄膜，从而改变玻璃的光学性能，使玻璃满足遮阳要求。镀膜玻璃依据产品特性的不同可以分为阳光控制镀膜玻璃、低辐射镀膜玻璃、导电玻璃等。目前，建筑铝合金门窗用的镀膜玻璃主要是指前两种。

微信扫码

（a）中空镀膜玻璃　　　　　　　　　　（b）镀膜玻璃加工设备

▲ 低辐射镀膜玻璃的加工制作

上：由于在寒冷气候条件下，单层玻璃会结霜导致产生水膜，妨碍低辐射膜对远红外线的反射。因此，低辐射镀膜玻璃多被制成中空玻璃，而不是单片使用。

一、阳光控制镀膜玻璃

1. 原理和应用

阳光控制镀膜玻璃对可见光有一定的透射率，且能很好地反射红外线，同时也能很好地吸收紫外线。这种玻璃主要是在玻璃表面镀一层或多层金属或化合物组成的薄膜，从而使玻璃表面能够呈现出丰富的色彩效果。阳光控制镀膜玻璃对波长350～1800nm的太阳光具有一定的控制作用，主要用于建筑铝合金门窗和玻璃幕墙。

2. 色彩

阳光控制镀膜玻璃表面镀层颜色有灰色、茶色、金色、纯金色、银灰色、黄色、蓝色、绿色、蓝绿色、紫色、玫瑰红色、中性色等。

3. 特点

（1）阳光控制镀膜玻璃属于半透明玻璃。这种玻璃能够单向透视，当玻璃的膜层安装在室内一侧时，白天在室外看不见室内，夜晚在室内看不见室外。

（2）在夏季光照比较强的地区，阳光控制镀膜玻璃能起到很好的隔热作用，同时还能减少进入室内的太阳热辐射。但在无阳光的环境中，如夜晚或阴雨天气，阳光控制镀膜玻璃的隔热作用与普通玻璃基本没有差别。

▲ 热反射镀膜玻璃镜片效应

▲ 热反射镀膜玻璃单向透视性

左：当阳光控制镀膜玻璃应用于建筑墙面时，在白天，从光照较强的一侧，在室外看向室内，玻璃会呈现出一种镜面效果，能够将周围的景物映射出来，但视线却无法透过玻璃。

右：当阳光控制镀膜玻璃应用于建筑墙面时，在白天，从光照较弱的一侧，在室外看向室内，对面的景物会一览无余，但在夜晚则恰恰相反。

补充要点

导电玻璃

导电玻璃即指氧化铟锡透明导电玻璃，这种玻璃生产于高度净化的厂房环境中，主要是利用平面磁控技术，在超薄玻璃上溅射氧化铟锡导电薄膜镀层，然后经高温退火处理制作而成，可广泛应用于液晶显示器、太阳能电池、微电子领域导电玻璃和各种光学领域中。

←多层中空导电玻璃主要用于建筑外墙玻璃与铝合金门窗玻璃，通过电加热，玻璃表面不产生水雾，以保持长期透明的状态。

▲ 多层中空导电玻璃

二、低辐射镀膜玻璃

低辐射镀膜玻璃又被称为Low-E玻璃，是镀膜玻璃的一种。这种玻璃表面镀有多层银、铜、锡等金属或其化合物组成的薄膜，对波长范围在4.5～25μm的远红外线有较高反射比，且对可见光有较高的透射率，能很好地反射红外线，隔热性能也较好。

低辐射镀膜玻璃根据不同型号，可分为高透型玻璃、遮阳型玻璃、双银型玻璃等。

1. 高透型玻璃

高透型玻璃有着较高的太阳能透过率，能让冬季的太阳热辐射透过玻璃进入室内，从而增加室内的热能。这种玻璃主要适用于北方寒冷地区，制作成中空玻璃使用时，节能效果会更好。

2. 遮阳型玻璃

遮阳型玻璃具有较低的太阳能透过率。这种玻璃能够有效地阻止太阳热辐射进入室内，适用于南方地区的各类型建筑物，其节能效果不低于高透型玻璃，且当制作成中空玻璃使用时，节能效果会更加明显。

3. 双银型玻璃

双银型玻璃很好地结合了普通玻璃的高透光性和太阳热辐射的低透过性，能有效遮蔽太阳热辐射，同时适用范围也不受地区限制。

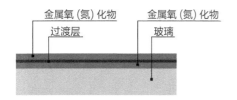

←阳光控制镀膜玻璃窗传热系数较低，采光自然，效果通透，能够有效避免光污染，不仅具有较高的可见光透射率和红外线反射率，隔热性能也比较好。

▲ 阳光控制镀膜玻璃窗

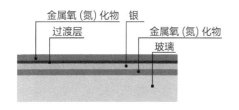

←单银Low-E玻璃有着适宜的可见光透过率和较低的遮阳系数，对室外的强光具有一定的遮蔽性，且这种玻璃的红外线反射率较高，能够限制室外的二次热辐射进入室内。

▲ 单银低辐射镀膜玻璃

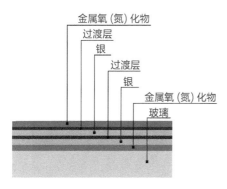

←双银Low-E玻璃的膜系结构比较复杂，其膜层中有双层银层面，且与普通Low-E玻璃相比，双银Low-E玻璃在可见光透射率相同的情况下，具有更低的太阳能透过率。

▲ 双银低辐射镀膜玻璃

第四节 吸热玻璃

微信扫码

　　吸热玻璃目前应用比较频繁，可广泛用于炎热地区建筑的门、窗、幕墙等建筑。吸热玻璃主要是通过在普通玻璃的配合料中加入着色剂，或在平板玻璃表面喷镀一层或多层金属氧化物薄膜，从而获取具备不同色彩的吸热玻璃。常见的颜色主要有灰色、茶色、蓝色、绿色、铜色、粉色、金色等。

一、吸热玻璃规格

　　吸热玻璃多呈矩形，长宽比通常不大于2.5；厚度为2mm、3mm的吸热玻璃，尺寸不小于400mm×300mm；而厚度为4mm、5mm、6mm的吸热玻璃，尺寸则不小于600mm×400mm。

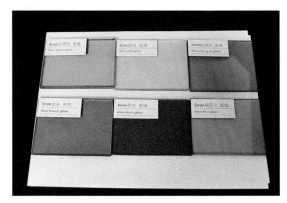

▲ 多种颜色的吸热玻璃

▲ 吸热平板玻璃

左：吸热玻璃也被称为有色玻璃，是指加入彩色艺术玻璃着色剂后，能够呈现出不同颜色的玻璃。
右：吸热平板玻璃具有多种色彩，这种玻璃是以普通玻璃为玻璃原片，能够吸收太阳可见光，减弱太阳光的强度。

二、吸热玻璃性能要求

1. 光学性能

吸热玻璃的光学性能要求见表4-6。

表4-6　吸热玻璃的光学性能要求

颜色	可见光透射比	太阳光直接透射比
茶色	≥42	≤60
灰色	≥30	≤60
蓝色	≥45	≤70

　　注：吸热玻璃的光学性能可采用可见光透射比和太阳光直接透射比来表达，二者的数值换算，便是5mm标准厚度的值。

2. 外观质量

吸热玻璃的外观质量要求见表4-7。

表4-7　吸热玻璃的外观质量要求

缺陷种类	说明	特选品	一等品	二等品
波筋	允许看出波筋的最大角度	30°	45°；50mm 边部，60°	60°；100mm边部，90°
气泡	长度 1mm 以下的	集中的不允许	集中的不允许	不限
	长度大于1mm 的，每 1m² 面积允许个数	<6mm，6 个	<8mm，8 个；<（8~10）mm，2 个	<10mm，10 个；<（10~20）mm，2个
划伤	宽度 0.1mm 以下的，每 1m² 面积允许条数	长度<50mm，4 条	长度<100mm，4 条	不限
	宽度>0.1mm 的，每 1m² 面积允许条数	不允许	宽0.1~0.4mm，长<100mm，1 条	宽0.1~0.8mm，长<100mm，2 条
砂粒	非破坏性的,直径0.5~2mm，每 1m² 面积允许个数	不允许	3 个	10 个
疙瘩	非破坏性的透明疙瘩，波及范围直径≤3mm，每 1m² 面积允许个数	不允许	1 个	3 个
线道		不允许	30mm 边部允许有宽 0.5mm 以下的 1 条	宽0.5mm 以下的 1 条

注：1. 集中气泡是指100mm 直径圆面积内超过6个。

　　2. 对于砂粒的延续部分，由90° 角能看出者作为线道。

3. 边角缺陷

吸热玻璃的边部凸出或残缺部分不得超过3mm，一片玻璃只允许有一个缺角，沿原角等分线测量不得超过5mm。

4. 弯曲度、尺寸偏差

吸热玻璃的弯曲度应≤0.3%，尺寸偏差（包括斜偏）应不得超过 ±3mm。

5. 厚度偏差

吸热玻璃的厚度偏差要求见表4-8。

单位：mm

表4-8　吸热玻璃的厚度偏差要求

厚度	允许偏差
2	±0.15
3	±0.20
4	±0.20
5	±0.25
6	±0.30

补充要点

吸热玻璃特性

1. 吸热玻璃能够很好吸收太阳光辐射，通常6mm的蓝色吸热玻璃能够遮挡住50%左右的太阳光辐射。

2. 吸热玻璃能够缓和太阳光，能使刺眼的阳光变得柔和，在炎热的夏天，还能有效改善室内光照环境，给人一种舒适、凉爽的感觉。

3. 吸热玻璃能有效吸收紫外线，能够在一定程度上减少紫外线对人体和家具的伤害。

第五节　中空玻璃

在铝合金门窗常用玻璃中，单片的平板玻璃、镀膜玻璃、钢化玻璃、夹层玻璃等不再能满足铝合金门窗的高端需求，通过对它们进行深加工，可以生产出具有节能功能的中空玻璃。

中空玻璃与普通双层玻璃的不同之处在于：前者密封，后者不密封。双层玻璃正是由于不密封，从而导致灰尘、水汽很容易进入玻璃内腔。当水汽遇冷结霜，遇热结露时，附着在玻璃内表面的灰尘便不能轻易被清除。虽然双层玻璃在一定程度上也能起到隔声、隔热作用，但性能却远差于中空玻璃。

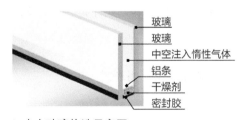

▲ 中空玻璃构造示意图

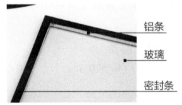

▲ 中空玻璃外观结构

左：由于中空玻璃中有密闭的空气或惰性气体（稀有气体），而空气或惰性气体（稀有气体）的热、声绝缘性能很好，中空玻璃的保温性能也因此有所提高。

右：中空玻璃具有良好的隔热保温、隔声、抗结露、降低冷辐射等特性，优质的中空玻璃表面无明显气泡、划痕，且触感较舒适。

一、中空玻璃分类

常见中空玻璃的分类见表4-9。

表4-9 常见中空玻璃的分类

名称	特点	图例
普通中空玻璃	由两层平板玻璃构成，间隔层为空气，节能、隔声、防霜露	
钢化中空玻璃	在普通中空玻璃的基础上强度会更大	
夹丝中空玻璃	采用夹丝玻璃制成，碎片不落下，安全性较高；但是，这类玻璃中有网格，会影响视线	
隔声中空玻璃	采用各种不同厚度的玻璃制成，且玻璃间距各不相同，隔声效果较好	
隔热中空玻璃	由热反射镀膜玻璃构成的双层中空玻璃，间隔层填充有比空气传热系数低得多的惰性气体	
遮阳中空玻璃	由热反射膜镀膜玻璃、低辐射膜镀膜玻璃、光致变色玻璃等制作，可有效降低太阳透射热量	
散光中空玻璃	采用压花玻璃或采用玻璃纤维填充间隔层等，这种制作形式能有效提高采光的均匀性，并能很好地降低太阳透射热量	
电热中空玻璃	采用导电镀膜玻璃制成，能使房间玻璃内表面温度高于露点，不会轻易形成水汽或结露、结霜	

续表

名称	特点	图例
发光中空玻璃	间隔层填充有通过时能发光的惰性气体（稀有气体），可用以装饰灯光橱窗和灯光广告等	
透紫外线中空玻璃	采用可透过紫外线的玻璃原片制成，能使紫外线较多地进入室内，适用于露台阳光房和花园景观房	
防紫外线中空玻璃	采用能吸收紫外线的玻璃原片制成，能使室内不受或少受紫外线影响	
防辐射中空玻璃	采用能阻滞射线的玻璃制成，可使室内不受或少受辐射，适用于生产、科研、医疗等特殊行业	

二、生产工艺

中空玻璃生产技术不断获得发展，市场主流目前是以胶接中空玻璃为主，以其他工艺为辅。

1. 焊接法

焊接法生产的玻璃耐久性比较好，但所需加工设备较多，生产需要用较多的有色金属，生产成本较高。施工方法为：首先选择两片或两片以上的玻璃，并在玻璃四边的表面镀上锡和铜涂层；然后，以金属焊接的方式将玻璃与铅制密封框密封连接在一起，务必确认密封没有缝隙。

2. 熔接法

熔接法生产的玻璃耐久性比较好，且不会轻易漏气，但玻璃的规格较小。这种方法不适合生产三层及镀膜等特种中空玻璃，选用玻璃厚度范围也较小，多为3～4mm。熔接法难以实现批量机械化生产，产量也较低，生产工艺比较落后。

▲ 加工设备

▲ 丁基密封胶

左：加工制作中空玻璃的机械设备，主要包括清洗设备、合片设备及涂胶设备等。

右：丁基密封胶是通过特殊工艺将丁基橡胶加工成的单组分密封胶，其有优异的耐老化、耐热、耐酸碱性能及优良的气密性能和电绝缘性能。

3.胶接法

胶接法的生产关键是密封胶。这种方式主要是通过将两片或两片以上玻璃的周边用装有干燥剂的凹槽铝合金框分开，然后再用密封胶密封。胶接法的生产工艺比较成熟。

4. 胶条法

胶条法主要是通过一条两侧有黏结剂的胶条将两片或两片以上玻璃的周边粘接在一起，胶条中加有干燥剂，并有连续铝片，可将玻璃粘接成具有一定空腔厚度的中空玻璃。胶条法技术成熟，制作简单。

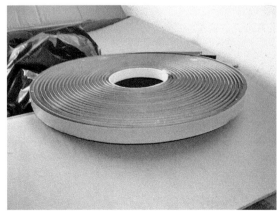

▲ 中空玻璃密封胶条

▲ 密封好的中空玻璃

左：中空玻璃密封胶条用于粘贴中空玻璃四周，为了确保密封效果，还需同时使用聚氨酯密封胶辅助。

右：中空玻璃内部要对空气进行抽出处理，面积较大的玻璃还需注入氮气等。

三、性能要求

1. 隔热保温性能

在中空玻璃空气腔中填充氮气、氩气、氪气等惰性气体（或稀有气体），可以提高中空玻璃的保温性能。

2. 隔声性能

普通中空玻璃能使进入室内的噪声衰减少40dB。为了增强隔声效果，还可通过选用非等厚玻璃，并选用夹胶或无金属间隔条等措施来使噪声衰减少。

3. 防结露、降低冷辐射性能

中空玻璃具有较好的防结露、降低冷辐射性能，其边框内部的干燥剂可以有效吸附水分子，即使在温度变化时，中空玻璃的内部也不会产生凝露现象。

4. 安全性能

在使用相同厚度原片玻璃的情况下，中空玻璃的抗风压强度是普通单片玻璃的2倍，其安全性能相较于其他玻璃更高。

5. 尺寸与误差要求

中空玻璃的长、宽允许偏差应符合表4-10的要求。中空玻璃的厚度允许偏差应符合表4-11的要求。

表4-10　中空玻璃的长、宽允许偏差要求　　　　　　　　单位：mm

长度或宽度	允许偏差
＜1000	±2.0
1000~2000	±2.5
＞2000~2500	±3.0

表4-11　中空玻璃的厚度允许偏差　　　　　　　　单位：mm

玻璃厚度	公称厚度	允许偏差
≤6	＜18	±1.0
	18~25	±1.5
＞6	＞25	±2.0

注：公称厚度为两片玻璃的公称厚度与隔离框厚度之和。

第六节　铝合金门窗玻璃选用原则

正确、合理地选择铝合金门窗玻璃，不仅能够增强铝合金门窗的整体性，同时也能增强其耐用性。通常可从玻璃的功能性、安全性和经济性等

三方面综合考虑。

一、玻璃的功能性

传统的玻璃只能起到遮风挡雨和采光的作用，现代建筑玻璃品种繁多，功能各异。

1. 透光性

玻璃的透光性使室内可获取更柔和、温暖的光线，在视觉上不会给人不适感，玻璃透光但不透明的特性也能增加室内环境的隐蔽性。例如，采用压花玻璃制作卫生间的铝合金门窗，能保护使用者的隐私。

2. 反光性

大量热反射镀膜玻璃反射率比普通玻璃高，通常要高30%～50%。热反射玻璃的反光性（反射性）应限制在合理范围内，不能盲目追求高反射率，反射率过高，不仅容易破坏建筑的美与和谐，而且还会造成光污染。

3. 隔声性

中空玻璃由于空气层的作用，当声波入射到第一层玻璃上时，玻璃便会产生"薄膜"振动。由于空气层的弹性作用，振动会逐渐衰减，再传给第二层玻璃时，隔声效果就很好了。

▲ 机场门窗玻璃　　　　　　　　　　　▲ 演播厅窗玻璃

左：机场门窗玻璃要求隔声性能较高，因此可选用隔声性能较好的夹层中空玻璃或双夹层中空玻璃。

右：演播厅、电台或电视台播音室等场地为隔绝声源，所有窗户都需做好密封处理。

4. 隔热性

由于玻璃是透明材料，玻璃的隔热性不是很好。为了增加玻璃的隔热性，可以选用普通中空玻璃。如果希望进一步增加玻璃的隔热性，可选用低辐射镀膜中空玻璃。

5. 防火性

防火玻璃是指具有透明性和透光性，能阻挡和控制热辐射、烟雾及火焰，并能防止火灾蔓延的玻璃，主要有复合防火玻璃、夹丝玻璃和玻璃空心砖等。玻璃在受热后变成不透明，当它暴露在火焰中时，隔离时间长达2h。

▲ 复合防火玻璃

▲ 防火夹丝玻璃

左：复合防火玻璃是由两片或两片以上的普通平板玻璃用透明防火胶黏剂粘接而成的，这种玻璃具有较好的耐火完整性和耐火隔热性。

右：防火夹丝玻璃是将普通平板玻璃加热至红热软化状态时，再将预热处理的铁丝或铁丝网压入玻璃中间制成的。这种玻璃可以有效阻挡火焰，即使遇高温也不会轻易炸裂。

6. 屏蔽电磁波

玻璃属于无机非金属材料，普通玻璃不具有屏蔽电磁波的功能，可在普通玻璃表面镀透明的导电膜，或在夹层玻璃中夹金属丝网，从而屏蔽电磁波；屏蔽电磁波能将1GHz频率的电磁波衰减35～60dB，高档产品甚至可以衰减90dB，从而达到防护室内设备的作用。其比较适用于电视台演播室、工业控制系统、医疗卫生部门等有防止干扰要求的场所。

▲ 导电膜

▲ 金属夹层玻璃

左：导电膜具有导电功能，且与同样材料的块体相比，其薄膜的电导率较小。

右：在夹层玻璃中，通过采用夹金属丝网或者在玻璃表面镀金属膜层，均可起到屏蔽作用，同时还能弥补屏蔽的不完整性，提高屏蔽效能。

二、玻璃的安全性

在选择铝合金门窗玻璃时，首先应考虑其安全性，要求玻璃在正常使用条件下不被破坏。

如果建筑玻璃在正常使用条件下被破坏，应当不会对人体造成伤害或将对人体的伤害降为最低。建筑的特殊部位还应强调必须使用安全玻璃，即钢化玻璃和夹层玻璃等。

三、玻璃的经济性

选择铝合金门窗的玻璃时，应综合考虑玻璃的性价比，除考虑一次投资成本，还需考虑建筑物的使用成本。可以根据建筑玻璃的选择原则综合分析，做出合理的选择。不同建筑部位玻璃的选择见表4-12。

表4-12　不同建筑部位玻璃的选择

玻璃品种	普通幕墙	点支式幕墙	门	窗	室内隔断	斜屋顶窗	屋顶	经济性
钢化玻璃	●	●	●	●	●	○	○	○
半钢化玻璃	●			●	○			○
吸热玻璃	●			●				
普通夹层玻璃	●			●	○	○	●	○
钢化夹层玻璃	●	●	●	●	●	○	●	●
热反射镀膜夹层玻璃	●			●			●	●
普通中空玻璃	○			●		●		○
低辐射镀膜吸热中空玻璃	○			●				●
钢化中空玻璃	●	●		●		○		●
热反射镀膜中空玻璃	●			●				●
夹层中空玻璃				●		○	●	●
夹层钢化中空玻璃	●	●		●		○		●
低辐射镀膜钢化中空玻璃	●	●		●		○		●
低辐射镀膜钢化夹层中空玻璃	●	●		●		○	●	●

注：●表示非常适合，且价格高；○表示适合，价格适中；其他表示不适合。

补充要点

辨别中空玻璃的优劣

1. 在中空玻璃密封上切一个小截面，检查截面是否存在小气孔。若出现小气孔，可能是空气进入了密封胶中，或二道密封机械打胶时混入空气。这两种情况都会缩短玻璃的使用寿命。
2. 划开玻璃的4个连接角，检查丁基胶是否有效包裹所有连接角。为了延长中空玻璃的使用寿命，应当采用连续弯管式铝条或用丁基胶对4个连接角进行有效包裹。
3. 将二道密封和玻璃粘接的两个截面划开，并撕开密封胶。如果撕开密封胶后，玻璃表面比较光滑，且没有残留胶，则说明密封胶和玻璃表面没有黏结力，其密封效果较差。

第五章
五金配件

学习难度: ★★☆☆☆

重点概念: 执手、铰链、滑撑、滑轮、撑挡、锁闭器、内平开下悬五金件

章节导读: 五金配件是铝合金门窗完成开启、关闭、固定的重要部件。门窗配件采用的材料不同,使用效果的差异也非常大。本章节将详细介绍执手、铰链、滑撑、滑轮、锁闭器等几种常见的门窗五金配件。

▼ 五金件
下:五金件是建筑门窗中容易受到磨损的部件,五金配件的好坏将会直接影响门窗的使用寿命和门窗的安全性、气密性等。

第一节　执手

微信扫码

铝合金门窗所选用的执手主要包括旋压执手、传动执手、双面执手等。为了确保门窗可以正常开合使用，应当依据不同窗型来选择与之相匹配的执手。

一、旋压执手

旋压执手又称为单点执手、七字执手。这种执手有左右之分，是能实现门窗开关、锁定功能的装置。通常通过对旋压执手施力，以控制门窗开关与门窗扇的锁闭或开启。

▲ 旋压执手配件

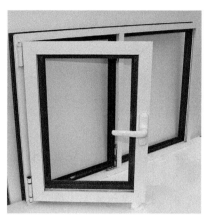

▲ 平开窗上的旋压执手

左：旋压执手根据人体工程学设计，配合了人体本能的开启动作，能实现简易操作功能。

右：旋压执手可用于平开窗上，当反复开关1.5万次后，旋压位置的变化应不超过0.5mm。

1. 代号、标记

（1）名称代号：旋压执手XZ。

（2）标记示例：旋压执手高度为10mm，标记为XZ10。

2. 性能特点

旋压执手只能实现单点锁闭，适合单一的平开或关，使用寿命在1.5万次以上，能满足通风功能。

3. 适用范围

旋压执手适用于窗扇面积不大于0.25m²，扇对角线不超过0.8m的小尺寸铝合金平开窗，且扇宽应小于700mm。

二、传动执手

传动机构用执手主要通过操纵执手，来驱动传动锁闭器或多点锁闭器，从而实现门窗的开关与锁紧；主要可分为方轴插入式和拨叉插入式两种。

1. 代号、标记

（1）名称代号：方轴插入式执手为FZ；拨叉插入式执手为BZ。

（2）主参数代号：执手基座宽度，以实际尺寸（mm）标记；方轴（或拨叉）长度，以实际尺寸（mm）标记。

（3）标记示例：传动机构用方轴插入式执手，基座宽度为28mm，方轴长度为30mm，标记为FZ28-30。

2. 适用范围

传动机构用执手适用于铝合金门、窗，需与传动锁闭器、多点锁闭器等配合使用，不适用于双面执手。

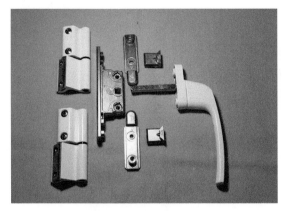 

▲ 多点锁闭器与传动机构用执手　　　　　▲ 平开窗上的传动机构用执手

左：传动机构用执手并不能对门窗进行锁闭，必须通过与传动锁闭器或多点锁闭器一起使用，才能实现门窗的开关。

右：传动机构用执手为单面执手，使用执手反复开关2.5万次后，开启、关闭自定位位置与原设计位置偏差应小于5°。

三、双面执手

双面执手主要是利用活动卡的卡位与内部档点来控制手柄旋转角度，并由弹片来实现回位功能，通常分别安装在门窗扇的内外两面。执手手柄采用锌合金压铸，外形比较美观。

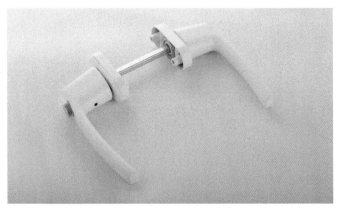 

▲ 双面门执手　　　　　　　　　　　　▲ 平开窗上的双面执手

左：双面门执手在安装时需注意，螺钉方轴的长度应根据型材扇料的厚度选用，方轴长度通常可以定制。方轴长度通常计算方式为：方轴长度=扇料厚度+65/70mm，配M5沉头螺钉，螺钉长度=扇料+20mm。

右：双面门执手同样可用于平开窗上，通常带有锁具，且具有双面开启和关闭的功能。

第二节 铰链、滑撑、撑挡

铝合金门窗中的铰链、滑撑、撑挡都是控制门窗开关和闭合的重要元件。

一、铰链

铰链又称为合页，主要用于连接铝合金平开窗的窗框和窗扇，能支撑门窗重量，实现门窗开启与关闭，主要包括门用铰链和窗用铰链。

▲ 铰链

▲ 平开窗中部的铰链

左：铰链一般安装于门窗扇的转动侧边，常组成两折式，是连接门窗窗框和窗扇，并使之活动的部件。

右：铰链可用在平开窗上面，其本身不能提供像滑撑一样的摩擦力，因此它往往配合撑挡一起使用。这种搭配可以有效避免当窗户开启时，风力吹回并损坏窗扇。

1. 代号、标记

（1）名称代号：门用铰链为MJ；窗用铰链为CJ。

（2）主参数代号：铰链的主参数为承载质量，以单扇门窗用一组铰链的实际承载质量（kg）表示。

（3）标记示例：一组承载质量为80kg的窗用铰链，标记为CJ80。

2. 适用范围

铰链适用于铝合金平开门、平开窗，可根据产品门窗承载质量、门窗型尺寸、门窗扇的高宽比等情况综合选配。铝合金门窗铰链种类见表5-1。

表5-1 铝合金门窗铰链种类

序号	名称	特点	用途	图例
1	普通铰链	有铁质、铜质、不锈钢材质；不具有弹簧铰链的功能，安装铰链后必须再装上各种碰珠，否则风会吹动门扇	用于无须限位，可以自由开关的铝合金门	

序号	名称	特点	用途	图例
2	重型门铰链	分为普通型和轴承型；轴承型从材质上可分为铜质、不锈钢质，其中铜质轴承铰链使用较多，其样式美观，价格适中；铰链的每片页板轴中均装有一个单向推力球轴承，门开关轻便、灵活	用于重型铝合金门或钢骨架门上	
3	加重型门铰链	表面烤漆，大号用钢板制成，小号用铸铁制成	适用于加厚铝合金边框配多层中空玻璃门或保温门上	
4	扇形铰链	扇形铰链的两个页片合起来的厚度较普通的铰链要薄一半左右	用于需要转动开关的轻型门窗上	
5	无声铰链	门窗开关时，铰链无声，配有尼龙垫圈	用于小型铝合金窗扇	
6	单旗铰链	采用不锈钢制成，耐锈、耐磨，拆卸方便	用于双层铝合金窗上	
7	翻窗铰链	带心轴的两块页板应装在窗框两侧，无心轴的两块页板应装在窗扇两侧；其中，一块带槽的无心轴负板必须装在窗扇带槽的一侧，便于窗扇装卸	用于工厂、仓库、住宅等活动铝合金翻窗上	

序号	名称	特点	用途	图例
8	多功能铰链	当开启角度小于75°时，具有自动关闭功能；在75°~90°角位置时，自行稳定；开启角度大于95°时，则自动定位	用于阳台铝合金门	
9	防盗铰链	通过铰链两个叶片上的销子及销孔的自锁作用，可避免门扇被卸，从而起到防盗作用	用于卫生间铝合金门	
10	弹簧铰链	可使铝合金门扇开启后自动关闭，单弹簧铰链只能单向开启，双弹簧铰链可里外双向开启	用于公共建筑物的铝合金大门上	
11	双轴铰链	双轴铰链分为左、右两种，可使门扇自由开启、关闭、拆卸	用于一般铝合金门窗扇	

二、滑撑

滑撑可用于外平开窗和外开上悬窗上，是用于支撑窗扇，实现窗开关、定位的一种多连杆装置，主要可分为外平开窗用滑撑和外开上悬窗用滑撑。

1. 代号、标记

（1）名称代号：外平开窗用滑撑为PCH；外开上悬窗用滑撑为SCH。

（2）主参数代号：包括承载质量和滑槽长度，分别表示为允许使用的最大承载质量和滑槽的实际长度。

（3）标记示例：滑槽长度为300mm，承载质量为30kg的外平开窗用滑撑，标记为PCH30-300。

2. 适用范围

滑撑适用于铝合金外开上悬窗，窗扇开启最大极限距离为300mm时，扇高度应小于1200mm，外平开窗扇宽度应小于700mm。

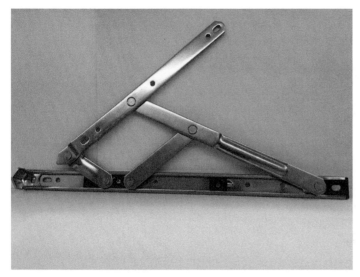

▲ 滑撑

▲ 平开窗侧面处滑撑

左：滑撑用于铝合金窗的上方角部，其结构包括滑轨、滑块、托臂、长悬臂、短悬臂、斜悬臂等。其中，滑块装于滑轨上，长悬臂铰接于滑轨与托臂之间，短悬臂铰接于滑块与托臂之间，斜悬臂则铰接于滑块与长悬臂之间。

右：滑撑能提供一定的摩擦力，因此可单独使用。注意用在平开窗上面的滑撑与用在上悬窗上面的滑撑，其与同窗框连接的外臂长短不一样。

三、撑挡

撑挡是可以将开启的窗扇固定在一个预设位置的装置，需要与铰链或滑撑配合使用。

1. 代号、标记

（1）名称代号：内平开窗锁定式撑挡为PSCD；内平开窗摩擦式撑挡为PMCD；悬窗锁定式撑挡为XSCD；悬窗摩擦式撑挡为XMCD。

（2）主参数代号：撑挡的主参数为撑挡支撑部件最大长度，以支撑部件最大实际尺寸（mm）表示。

（3）标记示例：如支撑部件最大长度200mm的内平开窗用摩擦式撑挡，标记为PMCD200。

2. 适用范围

撑挡适用于铝合金内平开窗、外开上悬窗、内开下悬窗。

3. 分类

撑挡主要可分为锁定式撑挡、摩擦式撑挡等。

（1）锁定式撑挡。当窗扇受到一定外力作用时，该撑挡能使窗扇在开关方向不发生角度变化的情况下，将窗扇固定在任意位置上。

（2）摩擦式撑挡。当窗扇固定在一个预设位置，受到一定外力作用时，摩擦式撑挡能够依靠摩擦力的作用，使得窗扇缓慢进行角度变化。但当风力过大时，摩擦式撑挡就难以完全固定窗扇。

▲ 撑挡　　　　　　　　　　　　　　▲ 上悬窗上部的撑挡

左：撑挡一般用在窗下方角部，或中下部位，用于开窗上时可以固定窗扇，且具有一定的抗风能力。

右：当上悬窗达到一定的尺寸时，由于自重原因，应配合一定的撑挡使用，这样上悬窗的稳定性也会更强。

补充要点

铰链、滑撑、撑挡的区别

1. 位置不同。铰链安装于门窗扇的转动侧边，滑撑安装于窗扇的侧边，且滑撑与撑挡的使用位置也不同。例如，上悬窗滑撑用于窗上方角部，而撑挡则用于窗中下部位。

2. 功能不同。滑撑支持窗扇运动并保持开启状态，撑挡则仅在保持窗开启角度时起作用，受力较小。在同一樘窗中，滑撑的安装位置相对固定，撑挡可在窗下方较大范围内自行调整，撑挡长度与安装位置决定了窗扇最终的开启角度。

3. 材质不同。滑撑多为不锈钢材质，既能让窗扇转动又能平动，上、下悬窗一般只能使用滑撑，它可以提供一定的摩擦力来固定开关角度。铰链有不锈钢、铝合金等多种材质，铰链在门窗的开启过程中与滑撑的功能相同。但铰链只能让窗扇转动，多用在平开窗上，需配合撑挡一起使用。

第三节　滑轮

　　滑轮是能够在外力作用下，利用自身的滚动使门窗扇沿着边框轨道进行运动的一种装置，优质的滑轮应当能够很好地承受门窗扇的重量。

微信扫码

滑轮主要用于推拉门窗扇底部，滑动比较灵活，能够将重力传递到门扇的框材上，并能灵活滑动，使用寿命比较长。

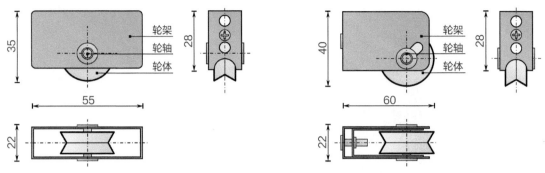

▲ 固定型滑轮结构（单位为mm）　　　　　▲ 可调型滑轮结构（单位为mm）

左：固定型滑轮的滑轮架和滑轮座采用固定结构连接，因此滑轮只可以前后平行移动。滑轮是可以绕着中心轴旋转的圆轮，且在圆轮的圆周面具有凹槽，将绳索缠绕于凹槽，用力牵拉绳索两端的任一端，则绳索与圆轮之间的摩擦力会促使圆轮绕着中心轴旋转。

右：可调门窗滑轮采用活动结构将滑轮架和滑轮座连接在一起，并通过长圆形的滑轮架安装孔和调节螺钉的配合使得滑轮架可以顺利地垂直位移。这种形式便于滑轮上下运动，从而调整门窗之间的间隙，解决门窗推拉困难的问题。

一、滑轮概述

1. 代号、标记

（1）名称代号：门用滑轮代号为ML；窗用滑轮代号为CL。

（2）主参数代号：滑轮轮体的主参数为承载质量，以单扇门窗用一套滑轮（2件）的实际承载质量表示。

（3）标记示例：单扇窗用一套承载质量为50kg的滑轮，标记为CL50。

2. 性能要求

（1）滑轮运转平稳性。滑轮外表面径向跳动量应≤0.3mm，轴向窜动量应≤0.4mm。

（2）开关力。滑轮的开关力应≤40N。

（3）反复开关。选用一套滑轮按照实际承载质量反复做开关试验，要求门用滑轮达到1万次后，窗用滑轮达到2.5万次后，滑轮的轮体依旧能够正常滚动；而且在达到试验次数，轮体承载1.5倍实际承载质量后，开关力应≤100N。

（4）耐温性

① 耐高温性。采用非金属材料制作轮体的一套滑轮，在50℃环境中，承受1.5倍承载质量后，开关力应≤60N。

② 耐低温性。采用非金属材料制作的滑轮，在-20℃环境中，承受1.5倍承载质量后，滑轮体不会轻易破裂，开关力应≤60N。

3. 适用范围

滑轮适用于各类推拉铝合金门窗。

二、滑轮分类

铝合金门窗用滑轮按结构可以分为可调型和固定型两种，按材质则可分为木质滑轮、塑料滑轮、金属滑轮。按滑轮材质划分的种类见表5-2。

表5-2　按滑轮材质划分的种类

序号	名称	特点	用途	图例
1	木质滑轮	承重力一般,轮体不耐磨,防水性不好,容易吸水而导致结构疏松	适用于重量较轻的门窗滑轮使用	
2	塑料滑轮	种类与样式繁多,具有实用性与装饰性;承重力较好,抗磨损,防水、防腐蚀性能等较好,耐用性也较好	适用于淋浴房、铝合金推拉门的滑轮使用	
3	金属滑轮	材料多样,色彩丰富,硬度大,且承重力、耐磨、防水性能较好;但其防腐蚀性能不好,容易生锈	适用于重量较大的门窗滑轮使用	

第四节　锁闭器

锁闭器是能够控制门窗扇开关的装置。这种装置能够实现平开门窗、悬窗的多点锁闭功能，主要有单点锁闭器、多点锁闭器、传动锁闭器等三种。

微信扫码

一、单点锁闭器

单点锁闭器是对推拉门窗实行单一锁闭的装置，主要有半圆锁、钩锁等。这种装置在经过1.5万次反复开关试验后，开启、关闭自定位位置时依旧能保持正常，且操作力应小于2N。

1. 半圆锁

半圆锁又称月牙锁，主要用于两扇推拉扇之间，可形成单一的锁闭点。

2. 钩锁

钩锁主要用于推拉扇和边框之间，可形成单一锁闭点。

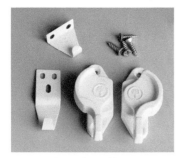
（a）短柄月牙锁

（b）长柄月牙锁

（c）住宅安装月牙锁窗

▲ 半圆锁（月牙锁）

上：半圆锁是单点锁闭器的典型代表之一，这种锁闭器不但能起到开启、关闭的作用，同时也能有效防盗。

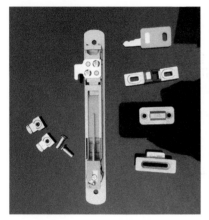
▲ 钩锁背面

▲ 开锁状态

▲ 安装钩锁的窗

左：钩锁包括锁壳和拨动件，拨动件在锁壳背面，可带动拨动叉或其他部件运动，从而控制门窗开关。

中：钩锁的拨动件可用于控制门窗的开启或锁闭，通常开锁显示绿色，锁闭显示红色。

右：推拉门窗使用钩锁锁紧，如果拨动件与锁壳配合不好，则很容易在自身重力下或门窗受到外界风力作用产生轻微振动等状况下自动滑落，造成钩锁的非正常开启或锁闭，影响钩锁的正常使用，降低产品质量。

1. 代号、标记

（1）名称代号：单点锁闭器代名为TYB。

（2）标记：单点锁闭器标记为TYB。

2. 适用范围

单点锁闭器仅适用于推拉铝合金门窗。

 补充要点

简单区分门窗月牙锁安装方向

通常窗户锁芯都是做成内扇在左、外扇在右的形式，安装时可以此来区分；而且按这个正确的装法安装好后，门锁状态应为：当开启锁时，锁把手朝下；关闭时，锁把手朝上。

左扇窗朝里选择左方向 | 右扇窗朝里选择右方向

▲ 辨别月牙锁安装方向

二、多点锁闭器

多点锁闭器可在上、下两个方向上加带锁点，可以远距离多点锁闭，从而有效保证平开门窗的密封性，主要有齿轮驱动式多点锁闭器和连杆驱动式多点锁闭器。

优质的多点锁闭器在经过2.5万次反复开关试验后依旧能够正常操作，而且不影响正常使用，其锁点、锁座工作面的磨损量不应大于1mm。

1. 代号、标记

（1）名称代号：齿轮驱动式多点锁闭器为CDB，连杆驱动式多点锁闭器为LDB。

（2）主参数代号：多点锁闭器的主参数为锁点数，以实际锁点数量表示。

（3）标记示例：3点锁闭的齿轮驱动式多点锁闭器标记为CDB3。

2. 适用范围

多点锁闭器适用于推拉铝合金门窗，可实现多点锁闭的功能。

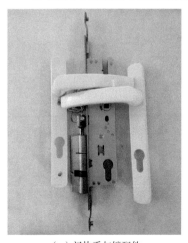 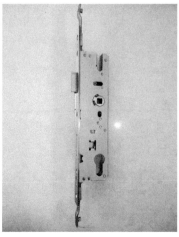 

（a）门执手与锁配件　　　　　　（b）多点锁锁体　　　　　　（c）多点锁连杆局部

▲ 多点锁闭器配件

上：多点锁体形式多样，可与门窗执手配套使用。普通多点锁闭器有8530、8535、8540、9230、9235等多种规格、型号可供选择。

三、传动锁闭器

传动锁闭器是用于控制门窗扇开关的杆形带锁点的传动装置,能对铝合金门窗进行开关控制,主要有齿轮驱动式传动锁闭器和连杆驱动式传动锁闭器两种。

优质的传动锁闭器在经过2.5万次开关循环试验后,各构件应不扭曲、不变形,不影响正常使用,且在窗扇开启方向的框、扇之间的间距变化量应小于1mm。

1. 代号、标记

(1)名称代号:铝合金门窗用齿轮驱动式传动锁闭器为M(C)CQ,铝合金门窗用连杆驱动式传动锁闭器为M(C)LQ。

(2)特性代号:整体式传动锁闭器为ZT,组合式传动锁闭器为ZH。

(3)主参数代号:传动锁闭器主参数为锁闭器锁点数量,以门窗传动锁闭器上的实际锁点数量进行标记。

(4)标记示例:3个锁点的门用齿轮驱动组合式带锁传动锁闭器标记为MCQ·ZH-3。

2. 适用范围

传动锁闭器仅适用于铝合金平开门窗、上悬窗、下悬窗等。

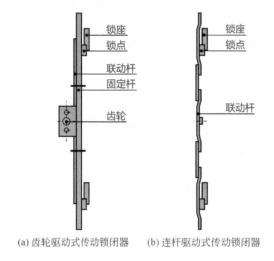

←传动锁闭器通常由锁座、联动杆、固定杆、锁点等部件组成,正式安装之前应当仔细检查各部件是否能正常使用。

(a) 齿轮驱动式传动锁闭器　　(b) 连杆驱动式传动锁闭器

▲ 传动锁闭器结构示意图

补充要点

传动锁闭器标准

锁点、锁座应能承受1900N后,各部件无损坏。齿轮驱动式传动锁闭器应承受28N·m力矩的作用后,各零部件不断裂,无损坏。连杆驱动式传动锁闭器应承受1000N静拉力作用后,各零部件不断裂,不脱落。

第五节 内平开下悬五金件系统

内平开下悬五金件系统是通过操作执手，从而使得窗具有内平开、下悬锁闭等功能；向室内内平开的同时，也可以下悬开启，即窗下部分位置不动，而上部向室内倾斜。

微信扫码

一、内平开下悬五金件分类

按开启状态顺序不同可将内平开下悬五金件系统分为两种类型：一是内平开下悬锁闭、内平开、下悬；二是下悬内平开锁闭、下悬、内平开。

内平开下悬五金系统由于锁点不少于3个，使用后能有效增强窗户的密封性能。

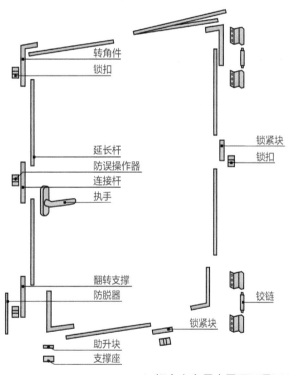

←通常内平开下悬五金件系统中的五金组件包括有：执手、传动锁闭器（锁紧块）、连接杆、防误操作器、延长杆以及防提起锁座（防脱器）等，安装之前注意检查是否有遗漏，各部件是否能正常使用等。

▲ 铝合金窗用内平开下悬五金件系统结构示意图

二、标记、代号

1. 名称代号

内平开下悬五金系统的名称代号，见表5-3。

表5-3 内平开下悬五金系统的名称代号

类型	内平开下悬五金系统	下悬内平开五金系统	内平开下悬五金系统	下悬内平开五金系统
名称代号	CPX	CXP	LPX	LXP

2. 主参数代号

内平开下悬五金系统以承载质量作为分级标记，每10kg为一级；锁点以实际数量标记，且不得少于3个。

第六节　门窗五金配件选择方法

一、从性能和使用环节选择

优良的五金配件是良好品质节能窗的基本保证，材质较差的五金配件容易老化、碎裂，严重时还会导致铝合金门窗出现开启不灵活或无法开关等状况，并可能对财产甚至生命造成威胁。

对于节能铝合金门窗的五金配件配置，应选择锁闭良好的多点锁系统，多点锁五金件的锁点和锁座分布在整个窗扇的四周。当窗扇锁闭后，锁点、锁座紧密地扣在一起，与铰链或滑撑配合，共同产生强大的密封压紧力，使密封条弹性变形，从而给铝合金门窗提供足够的密封性能。

微信扫码

▲ 门窗五金配件展示

▲ 执手、多点锁及其他安装配件

左：五金配件供货单位会提供产品的有效检验报告和产品合格证书，且产品在进货时也会进行质量抽样检查，确定产品合格后才可展出。

右：不同厂家制造的铝合金门窗型材会有所不同，因而不同宽度的各款门执手和多点锁等五金配件也应满足当前型材的要求。

二、从配合结构环节选择

由于我国门窗系统多为欧洲引进，也称为欧标系统。欧标系统中门窗采用的是欧洲标准五金配套槽口，在我国的配套生产厂家较多，适用范围也较广，市场占有率比较高。选择时需注意以下几点。

　　1. 检查门窗系统槽口是哪种槽口系统，并选择相应槽口的五金件。欧标系统槽口依据具体的窗扇大小和重量等的不同可分为不同的几种类型，在选用时应首先确定其槽口型号。

　　2. 依据门窗的使用功能和开启方式来确定相对应的五金配件，注意铰链最大的承重力是否能够满足窗扇的使用条件。

　　3. 如果窗扇的尺寸过高，则铰链侧还需加设锁紧机构，这样也能更好地保证窗户的各项性能指标能够达标。

▲ 铝合金下悬窗

▲ 铝合金窗执手

左：在选择铝合金下悬窗的五金配件时，可依据开启扇的开启方式、规格尺寸和大小、重量等来选择与之相对应的门窗配件型号。

右：铝合金门窗执手的形状、尺寸、比例、排列、色彩、造型等会对建筑的整体造型有很大影响，因此选择执手时要求其具备良好的耐腐蚀性能和装饰性能，对其耐用性也有较高要求。

补充要点

选购五金配件的注意事项

1. 外观。优质五金配件外观工艺平整光滑，用手折合时开关自如，并且没有异常的噪声。
2. 重量。通常同一类产品中越重的产品，质量越好。
3. 品牌。选择知名度较高的厂家产品，应考虑五金配件与室内风格的色泽、质地相协调的问题。

第六章
铝合金门窗制造

学习难度： ★★★★★

重点概念： 材料采购、组织管理、预算、生产工艺、下料与加工、设备

章节导读： 铝合金门窗应配套完善，一般包括功能配套、数量配套、工期配套等。因此，铝合金门窗的生产和安装进度应当协调一致。这不仅取决于原材料质量，也取决于生产过程中的工艺质量。

▼ 数控组角设备

下：随着铝合金门窗市场需求量的增加，数控技术在铝合金门窗加工行业中不断发展，高精度数控加工能较大幅度地提高产品质量。

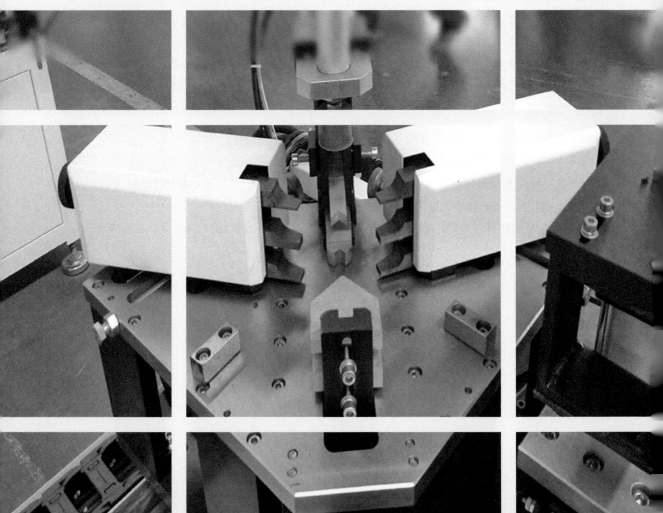

第一节 考察原料生产厂家与加工商

微信扫码

目前，市场上的铝合金门窗型材品种繁多，且每年都在推出新产品。当门窗的窗型、结构、立面大样图、开启形式、数量等确定后，就可以根据品种、数量、材料等要求，确定铝合金门窗型材、玻璃、五金件和辅助材料的采购计划。

▲ 铝合金门窗原料的加工生产

▲ 铝合金门窗的安装

左：当签订铝合金门窗合同时，不仅需要明确铝合金型材的品种、配件、玻璃种类等，有时还需要明确具体铝合金型材的生产厂家，并需对厂家进行实地考察，以确保能够购买到质量合理的铝合金型材。

右：有些厂商在进行销售的同时也提供了安装的相关服务，购买者需核实安装人员的工作能力，并确保安装到位。

例如，某工程铝合金窗汇总见表6-1。该工程铝合金型材选用55系列隔热断桥氟碳喷涂型材，表面颜色为外绿内白，玻璃选用5mm + 9mm + 5mm的白色浮法中空玻璃，五金件选用国产品牌产品，密封胶条采用三元乙丙橡胶条。

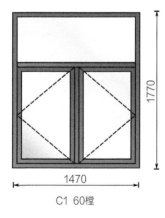

1770

1470

C1 60樘

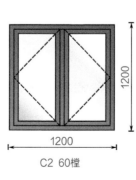

1200

1200

C2 60樘

←从铝合金窗的基础设计图中可知窗体的具体尺寸和结构样式，这些都会成为后期生产铝合金窗的参考数据。

▲ 铝合金窗基础设计图（单位为mm）

表6-1 某工程铝合金窗汇总

合同编号	×××	单位	×××××		门窗数量/樘		120
门窗号	数量/樘	单樘窗面积/m²	总面积/m²	开启形式	型材	玻璃	配件
C1	60	2.88	172.8	内平开	氟碳涂料喷涂绿白	中空	知名品牌
C2	60	1.44	86.4	内平开	氟碳涂料喷涂绿白	中空	知名品牌
合计	120	–	259.2	–	–	–	–

一、铝合金门窗材料采购

1. 铝合金型材采购计划

（1）结合具体窗型和规格尺寸，编制下料清单，计算铝合金型材的用量，包括框、扇以及中梃、玻璃压条、扣板、角码等应配套齐全。

（2）按实际所需来提高材料的利用率，精准计算铝型材的采购数量，铝合金型材的标准长度为6m。如果采购数量较大，可以要求铝型材生产厂商确定长度，以减少浪费。

C1窗型型材用量与C2窗型型材用量，分别见表6-2、表6-3。C1窗型和C2窗型的主要型材优化下料见表6-4。

表6-2 C1窗型型材用量

序号	名称	型材代号	下料长度/mm	数量/支
1	上下框	Gr6301	1470	120
2	左右框	Gr6301	1770	120
3	上下梃	Gr6302	704.8	240
4	左右梃	Gr6302	1155.6	240
5	中横框	Gr6303	1414	60
6	中竖框	Gr6303	1143.8	60
7	上亮横玻压条	Gr6305	1414	120
8	上亮竖玻压条	Gr6305	496	120
9	扇横玻压条	Gr6304	612.8	240
10	扇竖玻压条	Gr6304	1017.5	240
11	框角码	18.5	–	240
12	扇角码	28.5	–	480
13	中梃连接杆	19	–	120

表6-3 C2窗型型材用量

序号	名称	型材代号	下料长度/mm	数量/支
1	上下框	Gr6301	1200	120
2	左右框	Gr6301	1200	120
3	上下梃	Gr6302	596.8	240
4	左右梃	Gr6302	1158	240
5	中竖框	Gr6303	1144	60

序号	名称	型材代号	下料长度/mm	数量/支
6	扇横玻压条	Gr6304	477.8	240
7	扇竖玻压条	Gr6304	1050	240
8	框角码	18.5	–	240
9	扇角码	28.5	–	480
10	中梃连接杆	19	–	120

表6-4 C1窗型和C2窗型的主要型材优化下料

序号	名称	型材代号	支数	下料尺寸/mm	用途	下料数量/支
1	框料	Gr6301	120	1470×1	C1 上下边框	120
				1770×1	C1 左右边框	120
				1200×2	C2 横竖边框	240
2	扇料	Gr6302	48	1155.5×5	C1 左右边框	240
			24	569.8×10	C2 上下边框	240
			40	704.8×6	C1 上下边框	240
			48	1156×5	C2 左右边框	240
3	中梃	Gr6303	12	1143.5×5	C1 中竖框	60
			12	1144×5	C2 中竖框	60
			15	1414×5	C1 中横框	60
4	扇玻璃压条	Gr6304	27	612.8×9	C1 扇横玻压条	240
			48	1017.5×5	C1 扇竖玻压条	240
				477.8×1	C2 扇横玻压条	48
			60	1050×4	C2 扇竖玻压条	240
				477.8×3	C2 扇横玻压条	180
			1	477.8×12	C2 扇横玻压条	12
5	上亮横玻压条	Gr6305	30	1414×4	C1 上亮横玻压条	120
			10	416×13	C1 上亮横玻压条	120

注：以尺长度为6m的型材进行优化，考虑锯片厚度，在锯切时应当保留余量3mm，最终实际采购时应增加3%作为损耗。

根据上述优化的铝合金型材数量，确定铝合金型材采购计划。铝合金型材采购计划见表6-5。

表6-5 铝合金型材采购计划

序号	名称	型材代号	米重/(kg/m)	数量/支	长度/m	质量/kg
1	框料	Gr6301	1.22	120	720	859.68
2	扇料	Gr6302	1.32	160	960	1242.24
3	中梃	Gr6303	1.31	39	234	305.60
4	扇玻璃压条	Gr6304	0.42	136	816	318.24
5	上亮横玻压条	Gr6305	0.35	40	240	81.60

2. 玻璃采购计划

C1、C2窗型玻璃采购计划见表6-5。

表6-6 C1、C2窗型玻璃采购计划

窗号	尺寸 /mm	类别	数量 / 块	面积 /m²
C1	1400×531	中空 （5mm+9mm+5mm）	60	44.60
	598.8×1049.5		120	75.37
C2	423.8×1010		120	51.34

3. 五金件及辅助件采购计划

五金件及辅助件采购计划见表6-7。

表6-7 五金件及辅助件采购计划

序号	材料名称	采购数量	备注
1	O 型胶条 /m	912	平开框
2	O 型胶条 /m	912	平开扇
3	K 型胶条 /m	2928	安装玻璃
4	铰链 / 副	480	—
5	滑撑 / 副	240	—
6	执手转动器 / 套	240	—
7	螺钉	—	—
8	连接地脚 / 个	2640	固定窗框
9	发泡胶 / 桶	25	安装密封框
10	密封胶 / 桶	210	安装密封框
11	玻璃垫块 / 块	2760	

二、生产现场组织管理

生产车间要求人流、物流、信息流的高效畅通，以使生产现场各要素合理配置，能够更好地实施管理。

例如，锯切下料工序是由施工员操作切割锯，分别对框料、槽料进行下料。下料时应保证有足够空间放置材料，配备照明设施，以便能更好地看清尺寸数据。

1. 生产现场的位置管理

位置管理是指对生产现场的设备、物料、工作台、半成品、成品、通道等确定位置，实现原材料、辅料、半成品等能在各工序间正常流通。

生产车间的位置管理主要是由企业车间布局、生产设备配置、生产状况决定的，加工时应当按生产流程布置生产设备、原材料、半成品、成品等。

2. 物料管理

物料管理主要是对采购进厂的铝合金型材、五金件、辅助材料、玻璃制品等进行质量验证，经检验合格后再开单，并确认购买数量，办理入库手续。

仓库储存的物资要准备好记录本和二维码。记录本用于记录储存物资的名称、规格、数量、价格、收发日期等信息，记录本应挂在或贴在储存物资上。收发各种物资后必须及时扫描二维码登记，以确保各种记录本、物资、二维码相一致。

3. 试制样品生产验证

生产一种新窗型时，应当进行样品的生产、验证。

首先，根据产品图集和型材实物，设计出该型材系列的门窗图样；然后计算出各种型材的下料尺寸，确定连接件的位置、尺寸、槽孔；接着试做样品，对样品尺寸、配件进行检验并预组装。待最终发现问题后，及时解决问题。

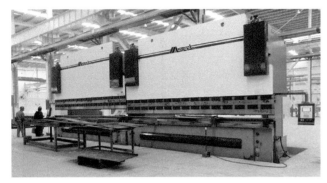

▲ 铝合金门窗生产、加工车间 　　　　　　　　　▲ 生产物料管理

左：生产、加工车间是生产过程中诸要素综合汇集的场所，也是计划、组织、控制、指挥、反馈信息的来源。

右：对于铝合金型材、五金件、辅助材料、玻璃制品等应分别分类管理，各类物资应分别存放于不同的货架上。

 第二节　成本核算与报价

微信扫码

门窗工程造价计算中最基本的内容是对照设计图，仔细核对、计算门窗的材料计算表、型材表、五金表、面板表等。

一、建筑施工门窗表

建筑施工门窗见表6-8。该表中材料价格为单价计算，主要用于表明该门窗工程的计价过程。

表6-8　建筑施工门窗

门窗编号	门窗类型	洞口宽/mm	洞口高/mm	数量/樘	1层	2~15层	16层	面积/m²
C2418	55系列铝合金	2400	1800	45	3	3	0	194.40
Sc0618	55系列铝合金	600	1800	16	1	1	1	17.28
Tc1218	60系列铝合金	1200	1800	15	1	1	0	32.40

门窗编号	门窗类型	洞口宽 /mm	洞口高 /mm	数量 / 樘	1 层	2~15 层	16 层	面积 /m²
Mo821	55 系列铝合金	800	2100	31	2	2	1	52.08
Dm1823	46 系列铝合金	1800	2300	2	2	0	0	8.28
小计	–	–	–	109	9	7	2	304.44

二、平开窗C2418门窗型材计算

平开窗C2418门窗型材与门窗五金件计算分别见表6-9、表6-10。表6-9、表6-10中材料价格均为单价，主要用于表明该门窗工程的计价过程。

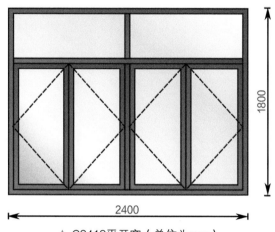

▲ C2418平开窗（单位为mm）

上：门窗工程造价计算中最基本的内容是对照设计图，仔细核对、计算出门窗的材料计算表、型材表、五金表、面板表等。

表6-9　平开窗C2418门窗型材计算

洞口宽 /mm	洞口高 /mm	面积 /m²	周长 /m	边框米重 /（kg/m）	边框质量 /（kg/ 樘）	框角码长度 /mm
2.4	1.8	4.32	8.40	1.12	9.37	0.04
框角码米重 /（kg/m）	框角码质量 /（kg/ 樘）	横中框长度 /m	横中框米重 /（kg/m）	横中框质量 /（kg/ 樘）	竖中框长度 /m	竖中框米重 /（kg/m）
2.92	0.42	1.2	1.32	1.48	3.6	2.2
竖中框质量 /（kg/ 樘）	中框角码长度 /m	中框角码米重 /（kg/m）	中框角码质量 /（kg/ 樘）	压线长度 /m	压线米重 /（kg/m）	压线质量 /（kg/ 樘）
7.7	0.04	1.89	0.58	18	0.24	4.62
扇宽 /mm	扇高 /mm	扇周长 /m	扇梃米重 /（kg/m）	扇梃质量 /（kg/ 樘）	扇角码长度 /m	扇角码米重 /（kg/m）
600	1200	3.6	1.48	11.11	0.04	4.37
扇角码质量 /（kg/ 樘）						
1.39						

表6-10　平开窗C2418门窗五金件计算

五金编号	五金数量/套	五金含量/m²
WJI	2	0.463
面板编号	面板数量/m²	面板含量/（m²/套）
C1	0.595	0.138
C2	0.899	0.208
C3	1.999	0.463
密封件编号	密封件数量/m²	密封件含量/（m²/套）
WFJ1	14.4	3.333
WFJ2	18	4.167
WFJ3	18	4.167
WFJ4	24	5.556

三、型材表

型材表见表6-11。表6-11中铝合金型材与配件的单价为28～32元/kg，可参考当年全国市场行情。

表6-11　型材表

序号	型材代号名称	米重/（kg/m）	材质	序号	型材代号名称	米重/（kg/m）	材质
1	55C1 窗边框	1.08		9	55M1 门边框	1.13	6063-T6
2	55C2 窗中框	1.32		10	55M2 门扇框	1.28	
3	55C3 加强中框	2.12	6063-T5	11	55M3 门中梃	2.11	
4	55C4 压线	0.24		12	55M4 假中梃	0.24	6063-T5
5	55C5 扇梃	1.53		13	55M5 密封槽	1.52	
6	55C6 框角码	2.85		14	55M6 框角码	2.85	
7	55C7 中框角码	1.82	6063-T6	15	55M7 扇角码	1.92	6063-T6
8	55C8 扇角码	4.05		16	60C1 边框	1.62	6063-T5

第三节　下单订购与生产管理

铝合金门窗的生产制造是指利用各种切割锯、铣床、钻床、冲床等设备，将铝合金型材进行切割、铣削、钻冲孔等加工，并安装玻璃与辅助材料，将铝合金型材和各类辅助材料组装成型。

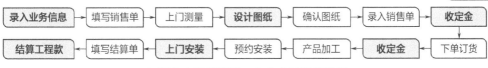

▲ 铝合金门窗订购、生产全过程示意图

上：依据上述步骤进行铝合金门窗的生产和订购将会大大提高工作效率，这也便于后期进行销售和管理。

一、铝合金门窗客户订货单模板

铝合金门窗客户订货确认单见表6-12。

表6-12　铝合金门窗客户订货确认单

订货单号：×××××× 单位：mm

客户名称				电话								订货日期								
产品系列	包框尺寸			留脚	颜色	玻璃工艺	底玻	是否钢化	锁向	百叶	亮窗高度	亮窗格数	亮窗玻璃工艺	锁具	执手	边线	套数	面积	单价	折扣	金额	备注
	宽	高	墙厚												个	元	套	m²	元	%	元	
①																						
②																						
③																						
④																						
⑤																						
⑥																						

收到定金：	总金额（大写）：	总金额（小写）：

图示：

平开门锁向示意图

A：右锁左铰内开

B：左锁右铰内开

C：右锁左铰外开

D：左锁右铰外开

客户签名：
回传日期：

备注：

1. 颜色以实物为主。

2. 默认开向为内开，玻璃默认为钢化，不钢化需特别注明。

3. 锁具有标准锁具和选配锁具两种，默认锁具为标准锁具。

4. 尺寸规格默认为包框尺寸，即产品成品尺寸。如果是其他尺寸，如洞口尺寸、门扇尺寸或见光尺寸，请特别注明，尺寸误差为±3m。

5. 收到订货单后请认真审核，签名确认并回传至厂家落实生产。若是工程订单，确认后必须将汇货款总金额的30%以上作为定金，方可生产。

6. 为不耽误货期，请及时确认订单回传单，定金、货款等内容在订单签订当日工作时间内可以更改。若要在超出当日工作时间内更改，则需收取材料损耗费，加急单不可改单。

7. 咨询电话：
邮箱：
微信：　　　　　　　　传真：

制单：　　　　　　审核：　　　　　　交货日期：

二、铝合金门窗生产质量基本要求

为强化质量管理，在生产前应当确定相应的工作要求。

1. 材料进库、出库、卸料

仓库管理员应当仔细核对产品型号、数量，注意下车轻放，做好表面维护、堆放整齐并归类。

2. 车间领料

严格按照工艺与优化单开具领料单，不可混乱取用，一旦发现型材不匹配，应当及时反映。

3. 下料

下料人员要仔细核对产品的数量、型号，下料尺寸允许 ± 0.5mm误差，型材两端应光滑，无毛刺；作业结束时要做好清洁工作，并做好设备的维护与保养。

4. 铝合金门窗产品标记

根据房间大小选择恰当的规格尺寸，根据设计要求选择合适的门窗框颜色等。

5. 注意型材可视面的保护

半成品应整齐堆放在货架上，且为了防止尺寸错乱或材料混放，应贴上标签。

6. 冲压（冲料）

冲压人员应先充分理解设计图纸的设计意义，并了解开启方向，熟悉冲压设备的相关性能和相关操作功能，以防止操作不当而导致型材变形，尺寸偏差允许≤1mm，合格率应为99%以上。

7. 划线

工作人员应当能够看懂图纸，了解尺寸与制作工艺。如果发现不正确应及时反映，有效沟通，不可私自进行更改。

8. 组角

组角人员应仔细核对组角后的实际尺寸与角度。

▲ 下料

▲ 组装铝合金门窗框

左：下料时如需锯角度，应核对角度是否准确：先试切并进行组合，查看型材之间有无缝隙，并加以调整。

右：型材外框应铣出相应的排水孔，拼装前四周应均匀涂上组角胶。

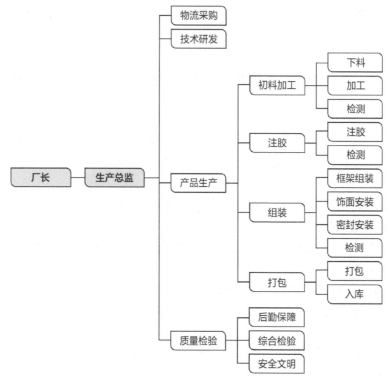

▲ 生产管理机构分级示意图

上：层层分级才能更好地保证铝合金门窗生产的严谨性。如果产品出现问题，也能更快地给出解决的方法。

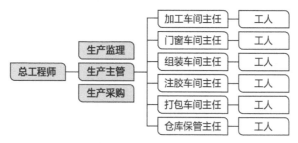

▲ 质检组织机构分级示意图

上：质检组织机构负责产品的核验工作，其分级主要依据产品生产步骤而定。

第四节 运输与储存

微信扫码

铝合金门窗的保养、安装、维护等均会影响铝合金型材产品的外形美观与表面色泽。

一、物料存放

1. 铝合金型材的存放

铝合金型材应储存于专门的场所，不应存放在室外露天场所，且为了防止铝合金型材变形，6m长的型材如果堆放在底部，则应当采用3～4个型材架垫底，型材架摆放的间距不应超过1.5m。当型材数量较多，需要在室外临时存放时，型材底部需垫高200～300mm，型材上面还需覆盖防雨篷布，以防止型材被雨淋湿，导致出现生锈现象。

2. 五金件及其他辅助材料的存放

仓库储存物资要设置材料本和材料卡。材料本用于将储存物资的名称、规格、数量、价格、收发日期等记录在册；材料卡同样用于记录储存物资的名称、规格、数量、收发日期等信息，将材料卡挂在或贴在储存物资上。收发各种物资后，必须及时在材料本和材料卡上进行登记，并确保各种材料本、物、卡一一对应。

3. 玻璃的存放

玻璃是易碎品，且不宜搬运，日常存放时应当要便于存取，并要注意防雨、防高温、防尘、防撞。应将玻璃信息详细记录在册，玻璃表面还需粘贴带二维码的识别不干胶标签，通过扫描二维码便可轻松了解玻璃的规格、品种、数量、合同号等信息，务必保证二维码、标签、物一一对应。

▲ 存放至生产车间内的铝合金型材

▲ 存放至仓库内的五金配件

左：为方便生产，铝合金型材可存放在车间中，存放场所要求远离高温、高湿和酸碱腐蚀源，且铝合金型材不能直接接触地面存放，应将其放置在型材架上，并按规格、批次分别存放，这样既可节约空间，也方便存取。

右：五金件、胶条、毛条等辅料应有专门的库房存放，且库房必须防火、防潮、防蚀、防高温，建议各类物资分类存放于不同货架上。

←由于玻璃属于易碎品，在保存及运输过程中应对玻璃产品进行有效保护，可用木板或泡沫板包裹玻璃四周，以免其因受撞击而导致出现破损现象。

▲ 门窗玻璃的有效保护措施

二、门窗运输与保管

1. 铝合金门窗运输时，运输工具应保持清洁，铝合金门窗应竖立排放，不可倾斜、挤压。选用软质材料将其隔、垫开，五金件也要相互错开，门窗还需用绳索绑紧。

2. 铝合金门窗装卸时应轻拿轻放。若使用机械设备吊运门窗，则应在门窗表面铺设一层软质材料衬垫，以此作为防护，并将门窗底部牢牢固定住。

3. 铝合金门窗运输到安装场地后，应当存放至平整、干燥的场地。其下部应当放置垫木，不得将门窗直接接触地面，注意门窗应避免日晒雨淋。

←窗立放角度不应小于70°，应采取防倾倒措施，且严禁存放在腐蚀性较大或潮湿的场所。

▲ 铝合金窗立放

第五节　加工生产工艺流程

微信扫码

　　铝合金门窗为了完成组装，还需利用机械加工设备对型材进行切割，并经过铣、冲、钻等加工。

一、下料工序

　　下料工序即是指杆件加工工序，其使用切割机将型材按设计要求，切割成需要的长度和组装角度。

二、机械加工工序

机械加工工序即铣、冲、钻工序，是对下料锯切后的型材杆件，按照设计图样，利用机械加工设备或专用设备进行铣、冲、钻加工。

三、组装工序

组装工序是指组装五金配件、毛条、胶条、挤角、成框等的工序，组装工序主要是将经加工完成的各种零部件、配件、附件等按照设计图样的要求来组装成品门窗。

按照制作工艺流程，可将铝合金窗的开启形式分为推拉和平开两种。铝合金推拉窗加工工艺流程、铝合金平开窗加工工艺流程分别如下。

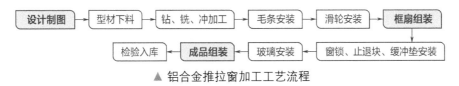

▲ 铝合金推拉窗加工工艺流程

上：铝合金推拉窗在加工时要确保滑轮与窗体之间的匹配性，建议选用安全系数较高的玻璃。

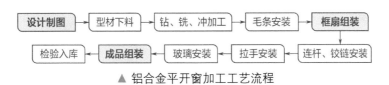

▲ 铝合金平开窗加工工艺流程

上：铝合金平开窗加工时要保证连杆和铰链能紧密连接在一起，加工完成后注意做好核验工作。

第六节 下料

微信扫码

下料是指利用切割锯、端面铣床等加工设备，对铝合金型材进行切割、钻冲孔、铣削等加工。在下料前，需根据设计图纸对型材长度进行划线处理，然后再用切割设备裁切铝合金型材。

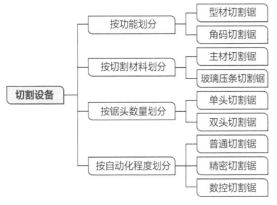

←切割铝合金型材前，应当依据铝合金型材的规格、造型等选择合适的下料切割锯设备。

▲ 下料切割锯设备分类

判断铝合金门窗加工设备的好坏

劣质铝合金门窗设备加工出来的产品质量比较低劣，密封性能差，不能开关自如，还有可能会出现漏风、漏雨的现象。在强风和外力的作用下，其非常容易被碰落。对于优质铝合金门窗设备，其加工安全性往往较高，所生产的产品比较精细；不仅其密封性能好，且开关自如。但是，优质铝合金门窗加工设备往往比较贵，生产成本相对而言也会有所提高。

一、角码下料

隔热断桥铝合金门窗组角加工精确度要求较高。在铝合金门窗标准中，要求其门窗框、扇杆件装配间隙应小于0.3mm，高档铝合金门窗的角部间隙则应小于0.1mm。此外，还往往要求型材断面的综合锯切精度，包括角度、垂直度、平行度、平面度等不能超过0.08mm/100mm。

为了保证锯切时型材断面的精度要求，高档铝合金门窗在锯切加工时应尽量使用模板，以便使型材能够定位稳定、夹紧可靠。

 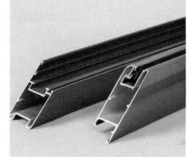 

▲ 全自动铝门窗角码切割锯　　▲ 45°角型材与90°角型材

左：角码下料时要使用角码切割锯，其精度应比铝合金型材切割锯精度高，这样才能保证精度的质量。

右：常规铝合金门窗的框、扇杆件下料角度主要为45°、90°。对于异型窗型材下料，应根据窗型的不同，还会有其他角度，通常角码下料均为90°。

铝合金门窗组装方式

常见的铝合金门窗组装方式有45°角对接、直角对接、垂直插接三种。

（a）45°角对接　　（b）直角对接　　（c）垂直插接

▲ 铝合金门窗的组装方式示意图

上：铝合金门窗的组装方式不同，所切割的角度也会有所变化。

二、玻璃压条下料

玻璃压条可使用玻璃压条切割锯下料，需要任意调整被切割压条的松紧度。通常下料尺寸应当稍长一些。待装配时，如果其与窗框、扇配装，则压条与窗框、扇的配合度也会更好。

▲ 玻璃压条切割锯

▲ 90°切割玻璃压条

左：该切割锯装配有定位尺，可直接量取成品窗框或扇的内侧尺寸。应当按实际所需长度加工玻璃压条，这样就能保证玻璃压条切割时的尺寸精度。

右：玻璃压条、窗台板等型材的切割角度为90°，其他型材的切割角度应依据实际需要进行确定。

三、单头切割锯下料

单头切割锯可对型材进行一般切割和再加工，切割时要将型材固定在工作台上。此外，长度超过2m的型材还需要增加支撑架或支撑座，切割另一端时要使用长度定位夹固定。

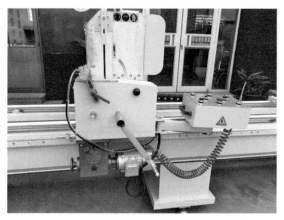

←单头切割锯可手动操作，或用气动控制进刀、退刀、夹紧或冷却液喷淋。这种设备主要依靠操作者的经验来控制产品品质。

▲ 单头切割锯

四、双头切割锯下料

双头切割锯主要可用于切割主型材，内部装有硬质合金圆锯片。

首先，应当根据切割角度调整锯头角度，按下料尺寸将锯头移动至准确位置，应注意型材高度和锯片厚度。然后，试切并调整锯片的进刀位置，并使冷却液喷淋和气动排屑装置处于工作状态，将工作台面用刷子清扫干净；接着装上型材，用定位夹紧装置将型材定位并夹紧，防止型材倾斜或翻转；随后启动机床，按下夹紧按钮，将型材夹紧；再按下启动按钮，保持冷却液喷淋装置和气动排屑装置处于工作状态。最后，按下工作按钮进行切割。当切割完毕后，按下退回按钮，两个锯头迅速退回至空转位置后停止。按下松夹按钮，取出切割完毕的型材。

←双头切割锯的两锯头可同时工作，在一定角度之间还可实现任意角度旋转。工作时，应根据下料长度对锯头进行微调，数控双头切割锯可一次输入需要切割下料的多根型材，实现不同长度的连续切割。

▲ 双头切割锯

第七节　孔、槽深加工

微信扫码

为了满足铝合金门窗产品的开启、关闭要求，需对窗框与扇构件进行孔、槽的深加工，主要包括锁孔、排水槽、装配槽等。

一、窗框构件孔、槽加工

对于加工转角处的螺孔和销孔，可采用钻床或冲压机进行加工。对于窗下框构件的排水槽，则可采用冲压机或仿形铣床进行加工。对于配件固定孔，可采用钻床或冲压机加工。

▲ 推拉窗排水槽与排水孔

▲ 平开窗排水槽与排水孔

▲ 平开窗排水孔局部

左：推拉窗外框的排水槽中钻有排水孔，长为25～30mm，宽为4～6mm；排水槽距离窗框边缘约为50～150mm，内外方向应尽量错开，水平方向需间隔600mm。

中：平开窗排水槽的高度从内向外应当逐层降低，宽度低于600mm的平开窗可设置一个排水孔，以避免雨水堆积。

右：平开窗排水孔处于最外层排水槽上，底部应当与边框平面平齐。但是，不能内凹至边框平面以下位置，以免钻穿边框型材时，导致水流入下部构造中。

二、窗扇构件孔、槽加工

转角处的螺孔和销孔采用钻床或冲压机加工，用于安装五金件的槽、孔采用冲压机或仿形铣床加工。窗扇下框构件的排水槽采用冲压机或仿形铣加工。执手多安装在窗扇高度的中央位置处，距离地面较高窗的执手应安装在窗扇高度的1/3处。通风孔采用钻床、冲压机或仿形铣加工。

加工通风孔时，要局部切除玻璃槽底部阻碍排水的型材。在窗扇上部型材转角附近和两侧型材的上部，均应加工ϕ8mm的通风孔。

←在窗扇边框转角处，应从中央
到边框处依次加工螺孔、销孔、
滑轮槽孔。

▲ 推拉窗组装螺孔

三、冲压机加工

冲压机包括冲压装置和冲压模具两部分。冲压装置包括床身、工作台、冲模夹持装置、传动装置等。在安装五金件的槽和孔时，可用多冲头一次完成，也可分多次分别冲出槽和孔。

▲ 冲压模具

▲ 全自动冲压机

左：冲压模具是冲压机的组成部分，使用冲压模具可直接对型材进行冲压加工。
右：全自动冲压机采用液压或气动夹紧工件，自动进料后会按孔距自动冲孔，并向外送料。

四、仿形铣床加工

仿形铣床是对铝合金型材进行仿形加工的铣床，主要分为两种方式：一种为平面铣，在上方安装垂直刀架；另一种为多面铣，在上方和侧面装有多支铣刀，工件只需装夹一次，且多面铣可同时对直角两面进行加工。例如，在加工门型材时，多面铣可同时对门锁槽和门锁孔进行加工。

（a）　　　　　　　　　　（b）　　　　　　　　　　（c）

▲ 高速仿形铣床

上：仿形铣床采用气压传动，效率高，不仅能实现连续加工，操作也比较简单、安全。该设备主要可用于断桥铝门窗的各类型孔、榫槽、流水口等加工。

五、端面铣床、钻床加工

1. 端面铣床

端面铣床可铣削工件平面，倒角加工梯形面、T形槽，钻孔可达到$\phi50mm$，铣削孔可达到$\phi400mm$。其中，圆盘铣刀由多支刀具组成，可以通过更换刀片，铣削出不同断面造型的型材。

2. 钻床

在钻床上加工钻孔时，设备的转速会比较高。壁厚只有几毫米的铝合金型材，可以使用普通麻花钻头。若钻孔位置精密要求较高，可使用与产品相配套的钻模。此外，为提高钻孔质量，还需对刀片、钻头进行冷却，这种方式也能有效延长设备的使用寿命。

▲ 端面铣床　　　　　　　　　　　　　　　　▲ 摇臂钻床

左：端面铣床的铣头水平布置，可沿横床身导轨移动，可对超长工件两端面进行铣削、钻孔、镗孔等加工。

右：摇臂钻床结构简单，加工精度相对较低，可更换特殊刀具，且在加工过程中设备固定不动，刀具进行旋转运动。

六、加工要求与规范

1. 构件的铣槽、铣豁及铣卯加工要求

铝合金门窗构件的铣槽、铣豁、铣卯加工应符合下列要求（表6-13）。

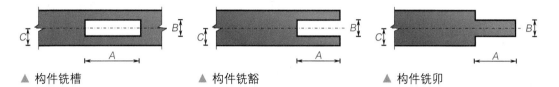

▲ 构件铣槽　　　　　　▲ 构件铣豁　　　　　　▲ 构件铣卯

表6-13　构件铣槽、铣豁及铣卯的尺寸允许偏差　　　　　单位：mm

项目	A	B	C
允许偏差值	+0.5；0.0	+0.5；0.0	±0.5

2. 下料操作规范及构件加工精度要求

下料操作规范、构件加工精度要求分别见表6-14、表6-15。

表6-14　下料操作规范

序号	下料操作规范
1	检查机器运转情况，以及铝型材的规格、品种和表面处理方式、外观质量等，应与设计要求一致
2	夹紧力适度，要避免型材变形
3	加工和搬运过程中应轻拿、轻放，防止磕碰、划伤及变形
4	严禁身体的任何部位进入危险区域，加工后的型材严禁与地面直接接触，应分类码放，整齐有序

表6-15　构件加工精度要求

序号	构件加工精度要求
1	构件加工精度应符合图纸设计要求
2	杆件直角截料时，长度尺寸允许偏差为 ±0.5mm；杆件斜角截料时，端头斜度允许偏差为 −15°
3	截料端头不应有加工变形，毛刺不应大于 0.2mm
4	构件上的孔位加工应采用划线样杆、钻模、多轴钻床等进行，孔中心允许偏差为 ±0.5mm，孔距允许偏差为 ±0.5mm，累积偏差为 ±1.0mm

第八节　成本核算与控制

铝合金门窗产品的成本高低直接关系到企业的经济效益，生产时为了保证合理利润，就必须对成本、项目进行控制。

一、产品成本构成

产品成本是企业为了生产产品而发生的各种耗费，是企业为生产一定种类和数量的产品所支出的生产费用总和。产品成本包括：产品的开发、设计成本费用，以及产品生产费用、产品维护保养费用等。为了节约产品成本，要严格控制上述三个环节所发生的所有费用。铝合金门窗产品生产费用主要包括以下几个方面。

1. 直接材料费用

包括铝合金型材、五金件、密封材料及其他辅助材料等费用。

2. 直接工资费用

包括生产工人的工资费用、安装工人的工资费用。

3. 其他直接支出费用

包括宣传费、招待费、利息、税金等费用。

4. 制造费用

包括水电费用、工具费用、办公费用、维修费用、运输费用、保险费用、检验费用、折旧费用、交通费用、通信费用、福利费用等。

二、产品成本控制

1. 生产过程成本控制

在铝合金门窗生产过程中，材料成本占总成本70%左右，铝合金型材又占到所有材料成本的70%左右。因此，必须严格控制原材料质量，减少生产和使用过程中的损耗。具体方法如下。

（1）杜绝使用不合格的原材料，防止因返工造成的材料浪费和人工浪费。

（2）控制铝型材、五金件、胶条、毛条、螺钉、插接件等生产材料的消耗。

（3）严格控制下料、组装等工序，同时严格按操作规程进行操作。

（4）合理利用人力资源，降低劳动强度，减少搬运时间，提高工作效率，降低人工成本。

▲ 严格把控原材料质量　　　　　　　　▲ 集中生产、降低成本

左：从源头开始把控，严格按要求检验原材料，必须做到不合格材料不入库。

右：在生产环节和安装环节应严格控制铝合金门窗产品的成本，可分批次集中生产。

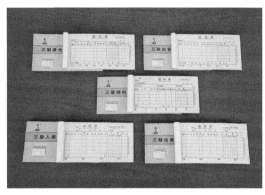

←进仓单和入库单的性质基本相同，都是属于材料物资产品入库；出仓单、出库单、领料单的性质基本相同，都是属于材料物资被领用后出库。有的单位材料物资多，储存的仓库也较多，为便于内部管理，会将同类性质的单子分成很多种。这些单子在材料物资出入库的环节进行填写，一般由仓管人员负责，两人签字，一式三联，可分别用于财务核算、材料核算和留存。

▲ 进仓单、出仓单、入库单、出库单及领料单

2. 安装环节成本控制

安装环节成本控制主要应注意以下问题。

（1）材料的存放要整齐有序，减少损坏和丢失；材料可根据现场条件和施工进度分批进场，注意做好材料进场的检验与记录。

（2）可在前期制作样板，这种形式可以有效避免大面积返工，减少浪费。

（3）确定安装质量检验制度并严格实施，实行自检、互检、逐项检查，避免侥幸心理。

（4）合理安排物料运输与施工顺序。例如，高层玻璃运输必须在施工洞封闭前，将玻璃输送至每层；在内外墙砖镶贴前或抹灰完成前，不能安装玻璃。

第九节　数控设备的发展

数字控制设备能够方便地完成加工信息输入、自动译码、运算、控制等，由此实现控制机床的加工。

微信扫码

一、技术需求

1. 满足企业发展

铝合金门窗企业在承接业务时常会面临工期短、生产量大、供货需求急等问题。当加工周期加长时，势必会造成资金积压，导致产品库存量增大。

2. 提高加工精度

传统普通铝合金门窗已经基本退出建筑门窗市场，取而代之的是新型隔热断桥铝合金门窗、铝木复合门窗等。这些产品对加工精度提出了新要求，新型数控加工设备能够很好地满足这一需求。

3. 提高生产效率

数控加工设备整体体积较大，它能够在一台设备上完成多个加工工序；同时，也能省去常

规设备，如冲床、铣床、钻床等。此外，还能够有效减少繁多的加工工序，生产效率也会因此有所提高。

4. 提高综合能力

虽然采用先进设备后的前期投入较大，但通过规模化生产可有效增强企业的市场竞争能力，提高企业的经济效益。此外，大中型铝合金门窗企业应该优选先进设备，以提高市场竞争力。

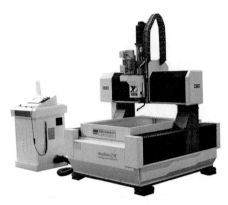

▲ 提高节能门窗的加工精度   ▲ 多功能数控加工设备（钻铣床）

左：采用数控加工技术，加强对铝型材生产、加工及安装精度的控制，保证材料基本参数的稳定。

右：此钻铣床设备集钻、铣、磨于一体，一台设备上可以完成多个加工工序，主要应用于中小型零件加工。

二、设备现状

国内外铝合金门窗加工设备制造企业研发的产品很多，主要生产的设备有数控切割锯、多轴数控钻铣床、多轴加工中心等。我国的相关设备厂商已经研发了数控双头切割锯、数控摆角双头切割锯、数控钻铣床、单头加工中心、双头加工中心等设备，能够完成多轴运动控制。

▲ 铝型材数控摆角双头切割锯   ▲ 双头数控加工中心

左：数控切割锯可用于铝型材、幕墙型材的切割下料，适合规模化生产。

右：双头加工中心采用3×2轴运动控制，可双头同时操作，能够大大提高机械加工效率。

三、发展方向

1. 数字化、网络化

未来企业需要不断增强市场竞争力，逐步实现计算机网络化生产和管理，并逐步借助电子商务理念，通过网络化实现从订单开始，直至实现设计、加工、组装、储存、交货的所有流程。

2. 柔性加工系统

柔性加工系统是指多台数控机床在统一管理下，实现统一输送、下料、钻铣、组装、入库等工序，这就要求数控设备必须进行联网，进一步提高生产效率。

补充要点

钻床不可代替铣床

钻床代替铣床是不符合质量标准的。钻床铣工件的产品质量无法满足图纸制造要求，只能铣一些粗糙且无精度要求的零件。但是，铣床是可以作为钻床使用的。因为铣床精度更好，非标椭圆孔也只有铣床才可以加工。

第七章
铝合金门窗组装

学习难度: ★★★★★

重点概念: 组角、框扇密封、玻璃镶嵌、安装五金件

章节导读: 组装是铝合金门窗的关键工序,铝合金门窗种类繁多,因而安装
工序及组装方法各不相同。本章将逐一介绍各种门窗相应的安装
方法,同时也会帮助读者解决安装过程中出现的各种问题。

▼ 铝合金门窗扇构件

下:门窗扇构件是将表面处理过的铝合金型材,经下料、打孔、铣槽、攻丝、制作等加工工艺
制作而成的。这些构件可采用不同型材制作,制造方式也比较多样化,完成基础型材加工后需
要对型材进行组装后才可用于正式安装。

第一节　平开铝合金门窗组角

对于隔热断桥铝合金门窗，目前大多数门窗生产企业多采用机械挤角、机械组角工艺。其中，机械组角是指窗框、扇构件的两个斜角使用角码进行连接。

微信扫码

一、选择角码

角码有固定角码和活动角码两种。铝合金门窗组角用角码的品种见表7-1。

表7-1　铝合金门窗组角用角码的品种

名称	特征	图例
塑料固定角码	采用工程塑料铸造而成，多用于纱扇组角，不能用于尺寸较大的开窗扇上，否则很容易发生变形、脱落现象	
铝质活动角码	采用铁合金铸造件，与铝合金型材采用螺栓连接固定，需要根据型材空腔尺寸定制，通用性较差	

二、组角

1. 机械组角

平开铝合金门窗的框、扇多采用45°组角来组装。如果铝合金构件为封闭式空腹型材，在相邻构件的45°斜角内，插入组角插件进行连接。

隔热断桥铝合金型材需要使用两个组角插件。其中，一个组角插件起承载功能，用于插入型材内侧空腔中；另一个组角插件插入型材外侧空腔中。

▲ 组角按制作工艺分类

上：铝合金门窗采用组角机挤角，但这种工艺只能组装45°角对接，90°角对接建议手工操作。

组角插件在组角前，应清洗干净插件和型材空腔内表面的油污并进行干燥处理，再涂上密封胶。组角插件有两种固定方式。

（1）手工固定组角。将两块对合的组角插件插入型材空腔内，并使用锥销、铆钉或螺钉固定。

（2）机械铆压组角。将带有沟槽的组角插件，插入对应构件的空腔内，再使用组角铆压设备将型材压入沟槽内固定。

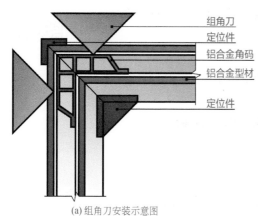
(a) 组角刀安装示意图

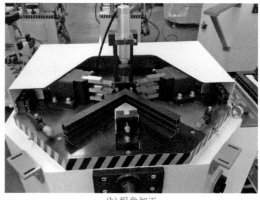
(b) 组角加工

▲ 机械铆压法组角

上：机械组角所用组角机可分为单头组角机、双头组角机、数控四头组角机等，可通过更换组角刀、组角刀支座、支撑座等，从而使一台组角机能够适用于各种系列型材的组角加工。

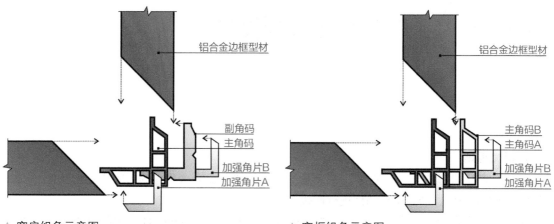

▲ 窗扇组角示意图　　　　　　　　　　　▲ 窗框组角示意图

左：断桥窗扇组角角部连接尺寸较宽，如果仅在型材内腔中插入角码，并不能保证斜角型材能紧密连接，可使用两个角码和两个加强角片进行连接。主角码置于型材内空腔，起主要作用；副角码置于型材外空腔，起辅助作用；加强角片内外各一个，辅助主、副角码强化固定，并采用胶黏剂将其强化粘接在一起。

右：断桥窗框尺寸会更大，要采用两个主角码和两个加强角片进行连接。

2. 销钉与螺钉组角

人工组角可使用销钉或螺钉固定。这种组角方式只适用于个体加工与小批量生产。如果采用活动角码组角，角码与铝合金型材之间还需采用螺栓固定。人工组角固定方法为：首先，在角码涂胶黏剂之前，要与外框预先组合在一起；然后，将角码涂上胶黏剂后，将其插入型材的空腔内粘贴牢固。最后，上紧销钉或螺钉，固定牢固。

3. 胶黏组角

胶黏组角时，可选用导流板来增加胶黏剂涂抹后的接触面，但是施工的整体成本会增加。

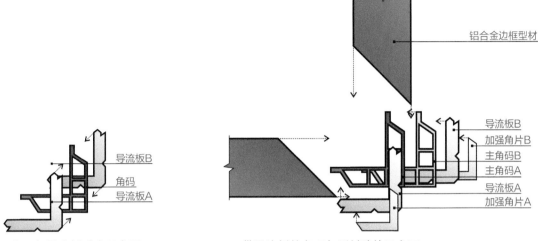

▲ 角码与导流板贴合示意图　　　　▲ 带导流板的角码与型材胶接示意图

左：在粘贴角码时，为了使胶黏剂粘贴更均衡，可将导流板贴合于角码两侧，这也能有效阻挡多余的胶黏剂渗透到角码空腔中。

右：采用导流板时，最好采用双组分胶黏剂，先由注胶孔注入胶黏剂，形成连续密封，再在型材斜角面涂抹聚氨酯密封胶，增强密封效果。

补充要点

组角设备

铝合金门窗的组角设备主要包括单头组角机、双头组角机、数控四头组角机等。

▲ 单头组角机　　　　▲ 双头组角机　　　　▲ 数控四头组角机

左：单头组角机的机器动力由液压系统控制，该设备能配置单刀多点组角刀，能调节上、下组角刀的距离，但一次只能组装一个门窗角。

中：双头组角机的左右冲头能实现钢性同步进给，能有效避免在组角过程中产生变形，同时也能使窗角连接更牢固，且一次可同时组装两个门窗角。

右：数控四头组角机拥有较高的数控操作自动化水平，组角刀前后左右调整方便，适用于不同型材；可以一次完成4个角的角码式冲压连接，生产效率较高。

三、涂胶

几乎所有机械组角，都需要添加胶黏剂。具体方法为：首先，将双组分胶黏剂混合均匀涂抹在角码和型材内腔处；然后，将角码插入型材内腔中，并在胶黏剂的有效时间内固定角码。最后，清理角部，待胶黏剂完全固化后，再依据需要进行其他操作。

▲ 组角胶

▲ 涂胶加工

左：胶黏剂由常温固化的聚氨酯高分子材料构成，有单组分与双组分两种。其中，双组分胶黏剂由黏结剂和固化剂混合而成，在常温条件下30min便可固化，可通过升温缩短固化时间。

右：门窗用组角胶具有较好的防水性能，其耐热性最低为80℃。为了获取更好的粘接效果，涂胶温度最低可为15℃。

第二节 框扇组装

微信扫码

推拉铝合金门窗框、扇多采用垂直插接的方式进行组装。边框与中梃之间、中横梃与中竖梃之间采用直角对接的方式进行组装。平开铝合金门窗框、扇采用45°角对接的方式进行组装。

一、推拉门窗框、扇组装

推拉铝合金门窗框、扇组装时，两插接件之间应放置柔性垫片，并通过边框构件上的孔洞，选用合适的自攻螺钉固定住这两个插接件。

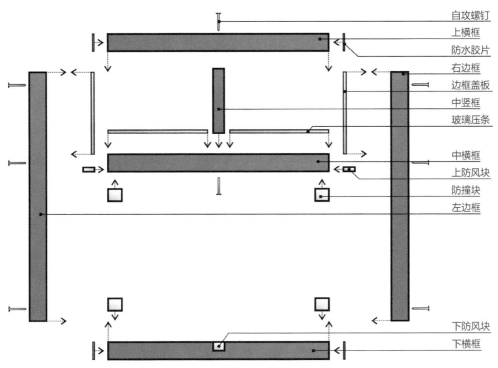

自攻螺钉
上横框
防水胶片
右边框
边框盖板
中竖框
玻璃压条
中横框
上防风块
防撞块
左边框
下防风块
下横框

▲ 铝合金门窗框组装示意图

上：根据铝合金门窗框组装示意图可知组装时大致需要哪些零部件。在正式组装之前，需提前检查这些零部件与门窗框表面孔、槽等是否匹配。

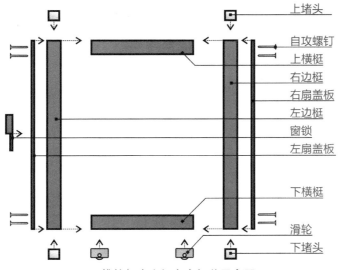

上堵头
自攻螺钉
上横梃
右边梃
右扇盖板
左边梃
窗锁
左扇盖板
下横梃
滑轮
下堵头

▲ 推拉铝合金门窗扇组装示意图

上：在组装之前，应充分理解推拉铝合金门窗扇组装示意图，以实现更快捷、更准确地组装铝合金门窗扇。

二、平开窗框、扇组装

平开铝合金门窗框、扇组装可通过组角工艺完成。中梃组装采用直角榫接，在组装前应对榫头和榫槽进行加工处理，组装时采用螺钉和销钉进行固定。

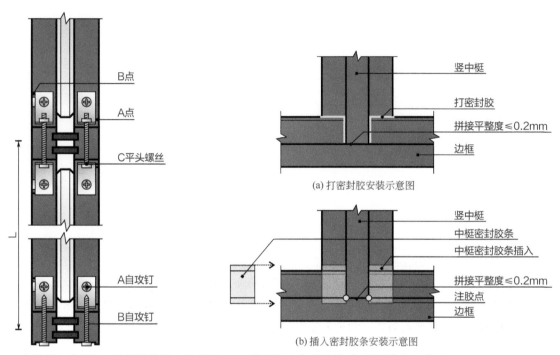

(a) 打密封胶安装示意图

(b) 插入密封胶条安装示意图

▲ 中竖梃与中横梃、边框的连接点示意图　　▲ 边框与中竖框连接（T形连接）示意图

左：中梃拼接时，自攻螺钉A应固定在玻璃一侧，自攻螺钉B应竖固到位，不能出现自攻螺钉遗漏的现象；中梃拼接后，其拼接缝隙A点和B点间距应≤0.2mm，拼接面平整度应≤0.2mm。

右：中梃与外框、中横梃与中竖梃之间的尺寸允许偏差值为±0.5mm，应在隔热条外侧铝框拼接处打胶，并安装25mm长的中梃密封胶条。

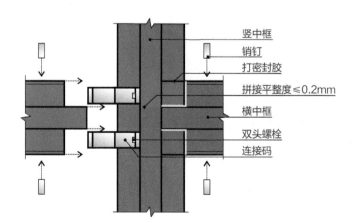

←竖中框与横中框之间应垂直连接，且两者拼接面的平整度应≤0.2mm。

▲ 竖中框与横中框连接（十字连接）示意图

第三节 框扇密封

微信扫码

铝合金门窗框、扇密封是指框与扇之间的缝隙密封，框、扇间的密封形式主要为挤压式密封和摩擦式密封。

一、挤压式密封

挤压式密封常用于平开门窗框与扇之间的密封，密封条又称为鸭嘴胶条。增加密封胶条能将框、扇之间的空腔分为两个腔室：内侧为气密腔室；外侧为水密腔室。胶条角部的接头应采用45°对接，且对接处还需用密封胶粘接。

（a）平开门窗边缘密封条　　　　（b）上部中间密封条　　　　（c）下部中间密封条
▲ 密封条

上：密封条在外侧腔室形成等压腔，这不仅提高了门窗的水密性能，同时也提高了门窗的气密性能和隔声性能，且中间密封胶条能将框、扇间的一个腔室分隔成两个腔室。这样既延续了框、扇间的隔热桥，也有效提高了门窗的保温性能。

补充要点

门窗组装构造要求

1. 铝合金门窗构件间的连接应牢固，紧固件不应直接固定在隔热材料上。当用螺钉固定承重五金件与门窗时，其啮合宽度应大于所用螺钉的两个螺距。

2. 门窗开启扇与框之间的五金件安装位置应准确，且安装需牢固可靠。应注意多锁点五金件的锁闭点位置偏差应≤2mm。

3. 铝合金门窗框、扇杆件的搭接宽度应均匀，密封条应压合均匀，门窗扇装配后启闭应灵活，且无卡滞、噪声，开关力应<50N。

二、摩擦式密封

摩擦式密封常用于推拉门窗或转门中，多用于密封平面之间的窄缝，采用毛条密封。在安装推拉门窗时，可以采用门窗扇提升推拉式结构，不会对密封带产生摩擦，在关闭时与密封带紧密结合。

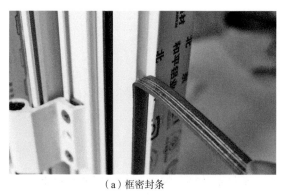
（a）框密封条

（b）扇密封条

▲ 安装摩擦式密封条

上：采用摩擦式密封后，推拉门窗既可以左右推动，同时对密封条的压力也不能太大，否则可能会因为门窗扇的开启力过大，导致磨损密封条。注意在正常使用过程中，应当每间隔3年左右更换密封条。

第四节　玻璃镶嵌

微信扫码

　　玻璃是铝合金门窗的重要组成构件。玻璃镶嵌是铝合金门窗组装的最后工序，主要包括玻璃裁切、玻璃安装、玻璃密封等。

一、玻璃裁切

　　裁切玻璃应根据窗扇的尺寸精确计算玻璃的尺寸，要求玻璃侧面及上下都能与金属面间隔一定间隙，各边间隙应能适应玻璃膨胀变形，间隙为2～3mm。

（a）玻璃原料

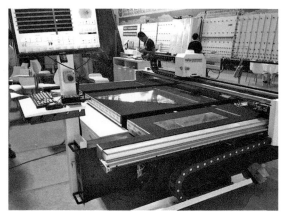
（b）切割加工

▲ 玻璃工厂裁切、加工门窗玻璃

上：铝合金门窗企业很少会自行生产或加工玻璃，多为采购玻璃。因此，只需要对玻璃的尺寸提出精确要求，然后再交给玻璃生产商或加工企业进行加工即可。

二、玻璃安装

如果单块玻璃尺寸较小，则可用双手夹住安装。如果单块玻璃尺寸较大，则需要使用玻璃吸盘吸紧玻璃后再安装。

玻璃安装时应放在铝合金型材的凹槽中间，底部要预先放置垫块，这也能避免玻璃直接与铝合金门窗的底部边框接触。应保持玻璃位于框架的正中央位置。

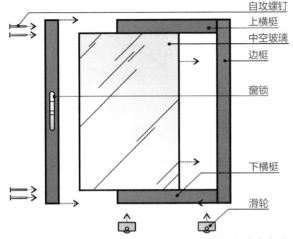

自攻螺钉
上横梃
中空玻璃
边梃
窗锁
下横梃
滑轮

←安装玻璃时，应先从窗扇的一侧将玻璃装入窗扇内侧，然后再将边框连接并紧固好。应注意玻璃与铝合金型材之间的内外两侧间隙，可采用密封胶或胶条来填充封闭。

▲ 窗扇玻璃安装示意图

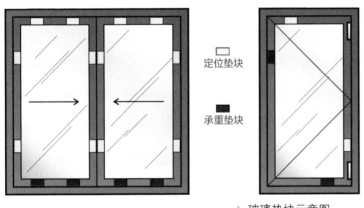

□ 定位垫块

■ 承重垫块

←玻璃不能直接放置在金属面上，玻璃的下部应用支承垫块和定位块垫起。垫块的厚度应根据采用的密封材料及玻璃厚度的不同进行调整。

▲ 玻璃垫块示意图

补充要点

玻璃垫块

玻璃垫块为聚氯乙烯或聚乙烯注塑成型材料，且不能用木材等其他吸水或易腐蚀的材料替代。其规格为：长 100mm、宽 20mm，也可分割成 10mm 宽；厚度分别为 2mm、3mm、4mm、5mm、6mm 五种规格。

1. 基础垫块能防止置于其上的玻璃垫块滑脱移位。
2. 承重垫块能将玻璃的重量合理分配到扇框上，并起到校正作用。
3. 定位垫块能防止玻璃与扇框直接接触，防止玻璃在扇框槽内滑动，能减缓门窗开关时产生的振动。

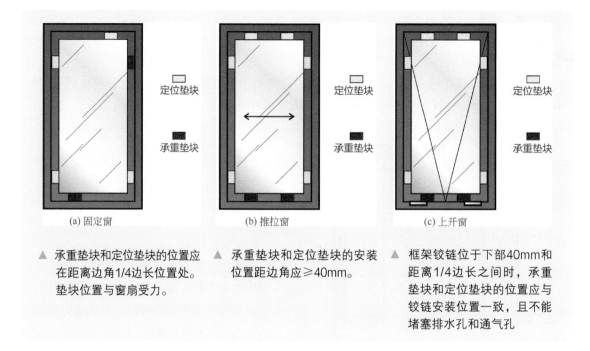

(a) 固定窗   (b) 推拉窗   (c) 上开窗

定位垫块
承重垫块

▲ 承重垫块和定位垫块的位置应 在距离边角1/4边长位置处。 垫块位置与窗扇受力。

▲ 承重垫块和定位垫块的安装 位置距边角应≥40mm。

▲ 框架铰链位于下部40mm和 距离1/4边长之间时，承重 垫块和定位垫块的位置应与 铰链安装位置一致，且不能 堵塞排水孔和通气孔

三、玻璃密封

玻璃安装完毕后的密封方法主要为胶条密封和密封胶密封两种。

1. 胶条密封

用橡胶条镶嵌密封处，表面不再打胶，但接口处需加注密封胶。这种密封方式便于更换玻璃，但密封效果不佳。

2. 密封胶密封

用密封胶密封时，应在打胶前用厚1～2mm的塑料垫片，使玻璃与边框之间保持固定，然后再在玻璃槽间隙中打入硅酮密封胶。

塑料垫片长度应≥30mm，垫片间距不应大于400mm，能填塞玻璃与框架之间的缝隙即可。

▲ 使用密封胶条固定窗玻璃

▲ 使用密封胶固定窗玻璃

左：密封胶条的规格是影响推拉门窗水密性能的重要因素，胶条规格过大会造成安装困难。

右：使用密封胶填缝固定玻璃时，应先用塑料垫片将玻璃紧密挤住，留出注胶空隙。注入密封胶后，再安装玻璃，注意注胶深度应≥5mm。

第五节　五金配件安装

铝合金门窗的五金配件多在工厂内组装完成，安装前五金件应配备齐全，安装应牢固可靠、位置正确、端正美观。

微信扫码

一、滑轮安装

在每扇下横梁的两端各需安装一只滑轮。首先，将滑轮放进下横梁一端的底槽内，使滑轮框上有调节螺钉的一侧向外，且该面必须与下横梁端头平齐。然后，在下横梁底槽板上画线并打出两个孔，再用螺钉固定滑轮，将滑轮固定在下横梁内即可。

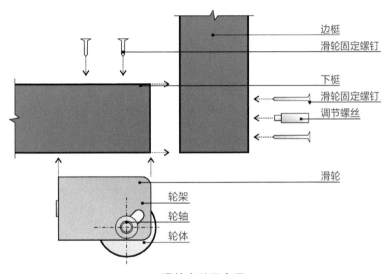

▲ 滑轮安装示意图

上：安装滑轮时应先将滑轮从底部安装至门窗扇下框处，再将下框安装至边框上，用螺钉固定，并微调螺钉，以保证滑轮的高度。

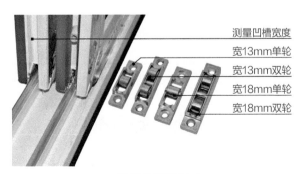

▲ 滑轮的测量尺寸

上：在选择与推拉门窗匹配的滑轮时，应注意测量门窗轨道间距，并依据测量间距来选择合适型号的滑轮。门窗滑道间距尺寸加上2mm左右作为滑轮的合理尺寸。若滑轮尺寸过宽，将会导致无法正常安装。

二、门窗锁安装

1. 月牙锁

月牙锁背面多为弹簧结构，广泛用于铝合金推拉窗上。优质月牙锁放在手中掂量时会有沉甸感，外观上比较光滑，且没有麻点，可灵活自如旋转180°或360°，旋转时不会出现响声。

2. 钩锁

钩锁多安装在门窗扇边梃的中间高度。安装时需检查锁内钩是否正对锁插入孔的中线，内钩向上提起后，钩尖是否在插入孔的中心位置上，完全对正后即可扭紧固定螺钉。

▲ 测量定位

▲ 钻孔

左：过大或过小的锁都是不合适的，应仔细测量窗户的实际尺寸，再购买合适尺寸的月牙锁，最后选择合适的安装位置测量安装孔距。

右：应依据实际测量尺寸，使用电钻在做好记号的安装位置处打孔。注意控制好孔间距，且孔应在同一水平线上。

▲ 对齐固定

▲ 检验安装效果

左：将月牙锁的孔洞与窗框上的孔洞对齐，放上配套的螺钉；用螺丝刀拧紧螺钉，固定好月牙锁，另一边再用同样的方法安装即可。

右：月牙锁安装完成后，可尝试闭合门窗，查看门窗是否能够正常使用。

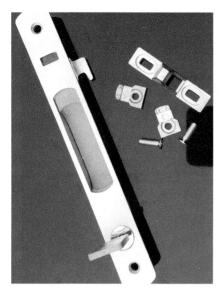 

▲ 钩锁   ▲ 钩锁安装效果

左：钩锁的外观比较简约，构造不外凸。可选择带钥匙的钩锁，安全性和私密感会更高。

右：钩锁安装完成后，门窗的外部应平整，且不影响开关。这类锁比较适用于推拉门窗中。

第八章

铝合金门窗安装与施工

学习难度： ★★★★☆

重点概念： 安装框扇、洞口处理、验收保养、案例

章节导读： 本章节主要以图文讲解的形式，详细介绍铝合金门窗的安装步骤与细节，能让读者更好地了解铝合金门窗的安装方法。

▼ 铝合金门窗安装效果

下：为了保证铝合金外门窗的技术要求，也为了达到抗风压，以及满足水密性、气密性、保温、隔声、采光、安全等方面的性能要求；同时，也为了避免外门窗安装问题反复发生，门窗质量控制应满足密闭性要求、框扇结构要求、保温隔热要求、安全技术要求这四大关键点。

第一节　安装与施工准备

微信扫码

铝合金门窗安装是指施工员将组装好的成品门窗，固定至已加工好的墙体洞口上，铝合金门窗的安装质量对门窗使用性能有着至关重要的影响。

一、施工员要求

施工员应当在施工前仔细阅读施工图纸与设计说明。为了保证安全作业，施工员还应具有良好的心理素质和强烈的安全防范意识，并能应对高空作业。应注意备好齐全的工具，以备不时之需。

二、安装位置

1. 检查洞口

（1）洞口检查。由安装施工员同建筑施工员一起，根据设计图纸检查洞口的位置和尺寸；如果发现现场结构与设计图纸不符或出现过大偏差，应及时进行整修和处理。

建筑门窗预留洞口尺寸与门窗框尺寸之间的关系可参见表8-1。

表8-1　建筑门窗预留洞口尺寸与门窗框尺寸之间的关系　　　　　单位：mm

饰面材料	洞口尺寸		
	洞口宽度	窗洞高度	洞口高度
清水墙	门窗框宽度 +20	门窗框宽度 +20	门框高度 +10
水泥砂浆	门窗框宽度 +40	门窗框宽度 +40	门窗框宽度 +20
面砖	门窗框宽度 +50	门窗框宽度 +60	门框高度 +30
石材	门窗框宽度 +80	窗框宽度 +80	门框高度 +40

（2）洞口尺寸检查。逐个检查门窗的洞口尺寸，核对所有门窗洞口尺寸与门窗框的规格尺寸是否一致，与设计图纸尺寸是否一致。门窗洞口尺寸允许偏差见表8-2。

表8-2　门窗洞口尺寸允许偏差　　　　　单位：mm

项目	洞口高度、宽度	洞口对角线长度差	洞口侧边垂直度	洞口中心线与基准轴线偏差	洞口下平处标高
允许偏差值（L）	±5	±10	（1.5/1000）≤L≤2.0	≤5	±3

2. 确认安装基准

（1）标记安装基准线。从室内地面基准向上，在高度900mm处弹出水平线，墙面垂直线间距为1200mm、2400mm或3600mm，做好门窗框安装标准线。

（2）标记门窗口边线。在建筑外墙最高层处找出门窗口边线，垂直向下在每层门窗口处划线。对于少数不平直的洞口边缘处应进行剔凿。

（3）标记垂直线。高层建筑可以用激光定位仪找垂直线，门窗洞口的水平位置应以每层楼地面高度900mm水平线为基准，往上量出窗洞下边缘的标高，弹线并找直。如果在弹线时，发现预留洞口的位置、尺寸有较大偏差时，应及时调整、处理。

（4）确定墙体厚度以及安装位置。根据建筑外墙窗台板来设计宽度，确定铝合金门窗在墙体中的位置。

▲ 修饰门窗洞口边框 　　　　　　　　　　▲ 洞口室内侧抹灰暂时不收平

左：采用铝合金靠尺修饰门窗洞口边框，确保边框的水平与垂直度，通常应采用1：2水泥砂浆找平。

右：采取湿法安装门窗基础框架时，室内侧墙面抹灰的收口可暂缓施工，待门窗基础框架安装完毕后再采用1：2水泥砂浆找平。注意室内侧的各种缝隙应当被完全覆盖。

3. 检查预留洞口或预埋件

仔细检查门窗洞口四周的预留洞口或预埋件的位置、数量是否符合设计要求，并查看其是否能与铝合金门窗框上连接件的位置对应。

三、材料要求

1. 检查并核对所有铝合金门窗的规格、型号、数量、开启形式等是否正确。

2. 五金配件、防水密封胶、防锈漆、水泥砂浆、填缝材料等各种材料要配备齐全。

3. 铝合金门窗材料与配件应堆放整齐，避免因磕碰而造成损坏。

4. 成品铝合金门窗应当在安装进场前仔细检查，避免使用残缺或不合格的产品。

▲ 泡沫填缝剂 　　　　　　▲ 填充缝隙 　　　　　　▲ 切除边缘

左：泡沫填缝剂是铝合金门窗安装的必备辅助材料，可用于填充并粘接铝合金边框与周边墙体的缝隙。

中：泡沫填缝剂对于缝隙的填充宽度可达20mm，填充后发泡程度大且能迅速膨胀，向外溢出。

右：泡沫填缝剂施工完毕后，待48h后完全干固，再用美工刀裁切溢出的余料。对于裁切面，室外可采用聚氨酯密封胶修饰，室内则可根据内墙装饰构造选用硅酮玻璃胶或防水腻子修饰。

四、设备准备

铝合金门窗安装前应检查安装所需的机具、安全设施等是否准备齐全，主要机具包括切割机、小型电焊机、电钻、冲击钻、玻璃吸盘机、电焊机等。常用工具包括线锯、手锤、扳手、螺丝刀、射钉枪等；计量检测用具包括托线板、线坠、水平尺、钢卷尺、灰线袋等。

五、现场作业条件

1. 铝合金门窗框上墙安装前，应确保建筑结构工程质量已经验收合格。

2. 门窗洞口的位置、尺寸、施工质量等核对后无误，或经过剔凿、整修后，检查结果为合格。

3. 检查预留铁脚孔洞或预埋件的数量、尺寸等，确定其无任何错误。

4. 铝合金门窗配件、辅助材料已全部运到施工现场，能进行垂直运输。

5. 应对施工员进行技术、质量、安全等方面的交底，各种安全保护设施等准备齐全。

第二节 安装铝合金门窗框

铝合金门窗框在墙体上安装时要经过立框与连接锚固、门窗框与洞口墙体缝隙处理等过程。

一、立框与连接锚固

按照在门窗洞口上弹出的位置线，将门窗框立于已经测量确定好的安装位置中心线部位或内侧。铝合金门窗框安装有干法安装和湿法安装两种安装形式。

1.干法安装

干法安装的铝合金门窗框应在洞口及墙体抹灰湿作业后完成。

（1）与铝合金门窗框连接的金属附框的侧边有效宽度应≥20mm。

（2）采用固定片连接金属附框与洞口墙体，固定片由镀锌钢板冷轧制成，钢板厚度应≥1.5mm，宽度应≥20mm。

（3）金属附框固定片距角部距离应≤200mm，相邻两固定片中心距应≤600mm，固定片与墙体固定点的中心位置至墙体边缘距离应≥50mm。

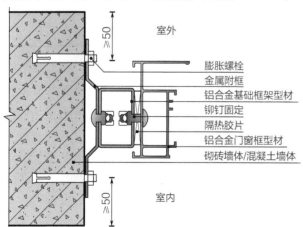

室外

≥50

膨胀螺栓
金属附框
铝合金基础框架型材
铆钉固定
隔热胶片
铝合金门窗框型材
砌砖墙体/混凝土墙体

≥50

室内

←干法安装金属附框时，应在门窗洞口及墙体抹灰施工前完成，干法安装铝合金门窗框时则应在洞口及墙体抹灰后进行。

▲ 干法安装构造

127

（4）铝合金门窗框与金属附框连接固定应牢固可靠，金属附框内缘应与洞口抹灰后的洞口装饰面保持齐平。金属附框宽度、高度尺寸偏差及对角线允许尺寸偏差见表8-3。

表8-3　金属附框宽度、高度尺寸偏差及对角线允许尺寸偏差　　　　单位：mm

项目	金属附框的高、宽尺寸	对角线差值
允许偏差	±3.0	±5.0
检测方法	卷尺检查	卷尺检查

2.湿法安装

湿法安装的铝合金门窗框应在洞口及墙体抹灰湿作业前完成。

（1）采用固定片连接铝合金门窗框与洞口墙体，且固定片距门窗洞口角部距离应≤150mm，相邻两固定片的中心距应≤600mm。

（2）铝合金门窗安装选择的临时固定物不能引起门窗变形，或使门窗受到损坏。不可将坚硬物体作为临时固定物，安装完成后还需及时移除临时固定物，以免划伤铝合金门窗。

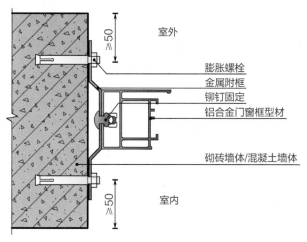

←固定片与铝合金门窗框之间可用卡槽连接的方式连接。固定片与无槽口铝合金门窗框之间可采用自攻螺钉或抽芯铆钉连接，注意钉头处要做好密封处理。

▲ 湿法安装构造

二、门窗框与洞口墙体缝隙处理

首先，门窗框与洞口墙体之间的缝隙应采用聚氨酯泡沫填缝剂填缝，施工前应对黏结部位进行除尘清理，固化后的聚氨酯泡沫填缝剂表面需采用美工刀削切平整；然后，用硅酮密封胶对铝合金门窗框与墙体间的内外缝进行密封。施工前应清洁黏结表面，黏结表面应保持干燥。注胶应平整密实，胶缝宽度要均匀一致，且表面需光滑、整洁、美观。

此外，门窗框与洞口墙体安装间隙是铝合金门窗容易出现漏水的部位。目前的现代施工材料与方法很多，可采用高分子防水渗透剂喷涂门窗框与洞口墙体间的缝隙，能很好地起到防水作用。

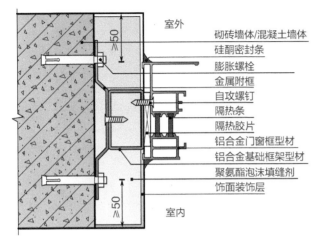

室外

砌砖墙体/混凝土墙体
硅酮密封条
膨胀螺栓
金属附框
自攻螺钉
隔热条
隔热胶片
铝合金门窗框型材
铝合金基础框架型材
聚氨酯泡沫填缝剂
饰面装饰层

室内

←铝合金门窗框固定好后，应及时对门窗框与洞口墙体间的缝隙进行密封处理，应采用保温、防潮且无腐蚀性的软质材料将缝隙填塞密实。

▲ 铝合金门窗填塞周边缝隙示意图

第三节　铝合金推拉门窗开启扇安装

铝合金门窗开启扇安装应在室内外装修完成后进行。安装前，要将窗框内残留的砂、水泥、石灰等杂物清理干净，仔细检查门窗扇上各密封胶条或毛条是否有少装或脱落现象。安装时，要注意保护好玻璃不被破坏。

微信扫码

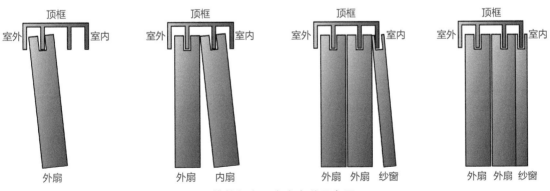

▲ 推拉门窗开启扇安装示意图

上：将装配好的门窗扇分为外扇、内扇、纱窗。在室内安装时，应先将外扇插入上滑道外滑槽中，自然下落于对应的下滑道外滑槽中，再依次安装内扇、纱窗、防盗块、防撞块等辅件。

▲ 推拉门窗开启扇安装

右侧标注（自上而下）：空气层、钢化玻璃、带孔铝条、丁基密封胶、硅酮密封胶、螺钉固定、调节螺丝、滑轮、封闭毛条、门窗框

左侧标注：干燥剂、钢化玻璃磨边、聚乙烯垫层

▲ 调整滑轮高度

左：滑道与门窗扇的重合高度应≥10mm，门窗扇上端与上滑道之间的平行空隙应≤7mm，这样才能更好地确保推拉门窗的安全，不掉扇，推拉不受阻，其气密性也会变得更好。

右：安装可调滑轮时需注意，通常应在门窗扇安装之后再调整滑轮。要调节好门窗扇在滑道上的高度，并使门窗扇与边框之间保持平行。

第四节　铝合金门窗工程验收

微信扫码

一、产品保护

在铝合金门窗安装前，检查铝合金门窗的保护膜是否有缺损。铝合金门窗安装完毕后，需尽快剥去门窗上的保护膜。要防止铝合金门窗被撞击，并防止利器划伤门窗表面。

（a）保持保护膜

（b）揭开保护膜

▲ 铝合金窗的框架保护膜

左：铝合金窗在安装施工过程中不得损坏窗上的保护膜，如不慎在安装时附着水泥砂浆，应及时擦拭干净，以免腐蚀铝合金窗。

右：在铝合金窗的安装过程中，应当尽快揭开门窗表面的保护膜，以免保护膜被太阳暴晒后难以清除。

二、验收规定

铝合金门窗工程验收应符合国家标准《建筑工程施工质量验收统一标准》（GB 50300—2013）和《建筑装饰装修工程质量验收标准》（GB 50210—2018），并应形成相应的验收文件。铝合金门窗验收记录见表8-4 。铝合金门窗下料工序质检记录见表8-5。铝合金门窗水槽孔（锁孔）工序质检记录见表8-6。

表8-4   铝合金门窗验收记录

工程名称：　　　　　　　　　　　　　数量：　　　　　　　　　　规格型号：

检验项目	技术要求	实测结果	结论
下料	长度 ±0.5mm；端面与侧面不垂直度≤0.1mm；角度 ±0.2°		
型材壁厚	窗≥1.4mm；门≥2.0mm		
外观	平滑，无色差、裂纹、气泡，无影响外观的擦划伤；无铝屑、毛刺，连接处无外溢胶黏剂		
水槽孔	平开窗应在下方距滑撑100mm 处开排水槽缺口，长度为 10 ～ 15mm，推拉窗排水槽孔距端部200mm		
锁孔	五金配件安装处开孔以五金配件尺寸规格为准，以使用不变形锁孔为宜		
端铣	端部拼装铣缺误差为 ±0.2mm，铣面应无飞边、毛刺		
门窗组角	门窗组角≤2000mm 时，为 ±1mm；门窗组角＞2000mm 时，为 ±2mm；对角线之差为 ±3mm；相邻构件平面高度差＜1mm；硅酮密封胶应涂抹均匀		
门窗组装	核对装配方向与拼接方向；加防水垫片；涂抹同色硅酮密封胶；平面高低误差小于0.3mm，拼接处间隙小于0.3mm；门窗框、门窗扇相邻件装配间隙≤0.5mm；对于门窗框、门窗扇搭接量，窗为2mm，门为3mm		
五金件安装	位置正确；牢固齐全；开启灵活；便于更换		
密封条、毛条装配	装配应均匀、牢固；接口严密；无脱槽、收缩、虚压等现象		
压线装配	装配高低差≤0.5mm，长度差≤0.5mm		
玻璃安装	推拉扇打胶前检查窗扇对角线、压线；玻璃胶要求粗细均匀，外形美观，无断胶、脱胶、气泡等现象		
开关力	推拉窗≤95N；上下推拉窗≤130N；平开窗平合面≤80N；摩擦铰链为 50～80N		

检验：　　　　　　　　　　　校对：　　　　　　　　　日期：

表8-5   铝合金门窗下料工序质检记录

抽检时间	抽检材料名称、规格	首检	工序检验	检验标准	抽检数量	实测结果	合格数量	存在问题	解决方法
				长度为 ±1mm；角度为 ±1° ；截面垂直度为 ±0.5mm；下料端面应平整，无毛刺					

检验：　　　　　　　　　　　校对：　　　　　　　　　日期：

表8-6　铝合金门窗水槽孔（锁孔）工序质检记录

抽检时间	抽检材料名称、规格	首检	工序检验	检验标准	抽检数量	实测结果	合格数量	存在问题	解决方法
				水槽缺口长度为 10～15mm，推拉窗排水槽孔距端部 200mm；五金配件使用不变形；滑撑位置端铣面应平整，其长度比滑撑长 5mm					

检验：　　　　　　　校对：　　　　　　　　　　　　　日期：

铝合金门窗验收时，应检查下列文件。

（1）铝合金门窗施工图、设计说明和其他设计文件。

（2）铝型材、玻璃、密封材料、五金配件等材料的性能检测报告、进场验收记录、复验报告和产品质量合格证书等。

（3）门窗框与洞口墙体连接固定、防腐、缝隙填塞及密封处理、防雷连接等隐蔽工程项目的验收记录。

（4）铝合金门窗安装施工的自检合格记录。

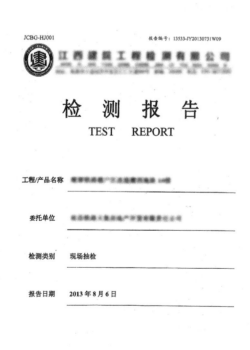

▲ 铝合金门窗产品质检报告

▲ 铝合金门窗玻璃质检报告

铝合金门窗验收内容与方法见表8-7。

表8-7　铝合金门窗验收内容与方法

序号	内容	方法
1	品种类型、规格尺寸、性能、开启方向、安装位置、防腐处理及填嵌、密封处理方法	观察；尺量检查
2	铝型材壁厚及表面处理，以及玻璃的品种、规格、颜色、附件质量	观察；仪器检查
3	门窗框和副框安装牢固度，预埋件及锚固件的数量、位置与框的连接方式	手扳检查；检查隐蔽工程的验收记录
4	门窗扇安装牢固度，开关灵活，关闭严密，推拉门窗扇必须有防脱落装置	观察；开启和关闭检查；手动检查
5	门窗配件的型号、规格、数量，安装牢固度，安装位置与功能	观察；开启和关闭检查；手动检查

第五节　铝合金门窗维护与保养

铝合金门窗安装完毕后，应提供维护说明书，并对其进行必要的维护和保养。

微信扫码

一、日常使用与保养

1. 推拉门窗开启

联动器式门窗锁开锁时应先将执手旋转90°。半圆锁式门窗锁开锁时应将手柄旋转180°，将锁旋转至开启状态，用手轻推门窗扇即可。关闭时，应推拉门窗扇，使其关闭到位后；再将执手、窗锁反向旋转，关闭门窗扇，并保证门窗扇缝隙密封严密。

2. 平开门窗开启

平开门窗开启时应先将执手旋转90°后，再轻推（拉）门窗扇，以免上下锁点阻碍窗扇启闭或因用力过猛损坏执手。平开门窗关闭时，应拉（推）门窗扇至关闭到位，再将执手反转到关闭状态即可。

3. 内平开下悬窗

内平开下悬窗内开时应先将执手旋转90°，开启到位后再轻拉执手打开窗扇。内平开下悬窗内倒时则应将执手旋转180°，开启到位后再轻拉执手打开窗扇。关闭时，应推窗扇到位，再将执手反转到关闭状态即可。

4. 日常保养

（1）铝合金门窗使用应保持门窗整洁，不能与酸、碱、盐等有腐蚀性的物质接触。在使用过程中，应防止锐器碰伤、划伤、拉伤铝合金型材表面，需定期清理表面灰尘；门、铰链、滑轮、执手等门窗五金件应定期进行检查和润滑，要保持开启灵活，无卡滞现象。窗螺钉松动时还应及时拧紧。

（2）不能用力拉扯门窗密封胶条，应使其呈自然状态，以保证门窗密封性能。密封胶条出现破损、老化、缩短现象时，应及时修补或更换。

▲ 清洗铝合金窗　　　　　　　　　　　　▲ 清理铝合金窗排水口

左：铝合金窗宜用中性的水溶性洗涤剂清洗，不建议使用有腐蚀性的化学试剂，如丙酮、二甲苯等。

右：日常使用铝合金窗时应定期检查门窗排水系统，并及时清除堵塞物以保证排水口的畅通。

二、回访与维护

铝合金门窗工程竣工验收1年后，应对门窗工程进行全面检查，并做好回访检查与维护记录。如果出现问题，应当立即进行维修、更换。如果发现门窗安全隐患，应立即进行维修。

（a）清理裂缝及无效的密封胶　　　　　（b）打胶　　　　　　　　（c）表面涂抹平整

左：维修人员系好安全带，从顶楼下滑至漏水窗口处，使用工具刀或铲刀将裂缝和密封胶清理干净。

中：使用结构密封胶将窗户与建筑物结构交界处的缝隙全部密封好，包括窗玻璃与铝合金交界处的缝隙。

右：密封胶应厚薄均匀，打好之后即用手指抹平，保证接缝表面光滑、平整。

（d）修复较小裂缝　　　　　　　　（e）修复软基层或较宽裂缝

▲ 窗户防水补漏维修方案

左：涂刷第一遍防水涂料，此时防水涂料不宜太稠，避免基层因吸收不当而粘接不牢固；待第一遍防水完全干透后，即可铺设玻纤布网格。此时，一边铺贴，一边涂刷第二遍防水涂料；最后依次涂刷第三、四遍防水涂料即可。涂刷时如果发现有空鼓部位，应立即使用工具刀或剪刀将空鼓部位减掉，并涂刷适量的防水涂料。

右：将表面清理干净，然后将堵漏剂搅拌至黏稠状，迅速填补，最后抹平墙面即可。注意基面混凝土质量较差或凹凸不平的软基层应用铲子清理干净；大于1.5mm的裂缝应使用角磨机处理，应将裂缝两侧的松软混凝土切割掉。

 ## 第六节　阳台铝合金门窗安装案例

一、阳台安装工法一

大部分商品房住宅都会附送一定面积的阳台，而采用铝合金型材封闭阳台后往往能够获得比较可观的室内空间，但很多人往往会忽视门窗的选购及安装问题。如果铝合金门窗安装不恰当，或与室内整体格调不符，同样会给后期生活带来许多不便和烦恼。

必须明确的是，选购品牌商家的门窗相比选购昂贵的门窗更为重要：具有实力的品牌门窗商家都拥有技术娴熟的施工员。这些人员安装经验丰富，能轻松应对各种安装问题，即使质量一般的门窗产品，也能调试得非常出色。

▲ 准备安装工具　　　　　　▲ 检查型材包装　　　　　　▲ 裁切再加工

左：施工前应准备好安装施工工具，其中电钻主要用于钻孔和安装固定铝合金窗。如果需要在混凝土墙地面施工时，则还需使用电锤，这种工具的钻孔力度更大。

中：注意检查铝合金窗型材的包装是否完好，没有包装贴纸的型材是不合格的。这种型材后期安装好后，还会有许多划痕，美观性比较差。

右：成品铝合金型材往往都在工厂进行加工，且输送至施工现场后还需要根据具体尺寸再次进行少量裁切。

▲ 安装竖向框架　　　　　　　▲ 垂线校正　　　　　　　　　▲ 固定竖向框架

左：将裁切好的型材放到需要安装的位置，注意应仔细检查型材尺寸是否合适，过长或者过短都不合格。

中：阳台窗框架安装时应当随时校正水平度与垂直度，避免出现歪斜；初步安装后还应使用铅垂线进行检查并随时校正框架的垂直度。

右：经过校正后，再采用螺钉将铝合金框架固定至现有金属栏杆或墙体上。

▲ 安装横向框架　　　　　　　▲ 安装玻璃　　　　　　　　　▲ 检查安装成品

左：将横向型材摆放至安装位置，采用电锤钻孔。注意孔洞与边缘之间应保持60mm以上的距离，以免破坏阳台混凝土楼板与框架边缘；然后凿取孔距600～800mm，确保每组窗框在上、下边各有2个固定点。主体框架采用螺钉固定，并保持构造的平整度与垂直度。

中：将约3mm厚的氯丁橡胶垫块垫于凹槽内，目的在于避免玻璃直接接触框、扇，然后安放好窗玻璃。应使用螺钉临时固定，以便后期打胶。

右：仔细检查安装是否正确，确认安装无误后，在窗玻璃四周打上中性玻璃胶。待胶水自然晾干后，取出螺钉，避免窗户经过长时间使用后，由于热胀冷缩而出现磨损甚至挤破窗玻璃的现象。

 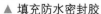  

▲ 填充防水密封胶　　　　　　▲ 填充发泡胶　　　　　　　　▲ 裁切修边

左：玻璃安装完毕后，用抹布清理表面灰尘，在缝隙处打上聚氨酯密封胶。应保持匀速打胶，且需尽量在门窗的两面填塞密封胶，窗户的内部及外部缝隙也都要打胶。

中：在周边缝隙处填充聚苯乙烯发泡胶，发泡胶的注入应有一定深度，其宽度应小于80mm，应让其自动膨胀。注意对于边缘缝隙宽度在30mm以内的缝隙，可以采用发泡剂填充。如果缝隙宽度大于30mm，则需要采用水泥板等复合板材填充后，再打发泡剂。

右：待发泡胶充分膨胀并干燥后，应采用美工刀整修，缝隙可根据需要进一步装饰。例如，可刮腻子后再涂饰乳胶漆，但必须确保无雨水渗漏。

二、阳台安装工法二

铝合金门窗框的安装是整个铝合金门窗安装流程中不可或缺的一项。门窗框往往需要固定到墙面或者其他物体上，然后才能安装玻璃，进行后续的注胶工作等。

现代铝合金门窗所采用的玻璃多为中空钢化玻璃，自重较大，这就要求铝合金框架具有一定的强度。前期框架安装的目的主要是用于玻璃尺寸测量，待玻璃运输到安装现场时应当进一步强化框架后，方能继续安装。

▲ 重新校正、组装　　　　▲ 固定窗框上端和墙顶　　　　▲ 加固窗框侧面与墙体的连接

左：如果后期运输至安装现场的玻璃与框架尺寸不符，应当将框架部分拆除，然后再根据玻璃尺寸重新组装。

中：固定窗框上端时，首先需要在框架和墙顶钻孔，然后再使用膨胀螺栓将二者牢固地连接在一起。

右：由于中空玻璃自重较大，安装时应当在靠墙外侧增加环形金属连接件，并采用膨胀螺栓固定，这也能很好地强化铝合金框架与墙体之间的紧密度。

▲ 固定窗框下端与栏杆　　　　▲ 检查整个框架　　　　▲ 初步安装窗玻璃

左：通常是将安装铁片的一端固定在框架上，另一端固定在阳台栏杆上。

中：框架安装完毕后，还需走到远处观察框架整体是否歪斜，或用手摇晃，检查框架整体是否固定牢固。

右：安装窗玻璃时应当轻拿轻放，玻璃与窗框之间要放置橡胶垫片。由于钢化玻璃是一次性成型产品，因此一定要避免玻璃周边受到挤压与碰撞，钢化玻璃一旦破裂则很容易炸开伤人。

▲ 固定窗玻璃　　　　▲ 预留管道孔洞　　　　▲ 填充发泡胶

左：固定玻璃时，先打螺钉钻孔至窗框上，通过螺钉与窗框之间的缝隙固定玻璃，尽量减少螺钉的应用，避免伤及玻璃边缘。待打玻璃胶固定妥善后，再取下螺钉。

中：预留的空调管道孔一般存在于边角，不宜在中空玻璃中央处加工钻孔，以免出现密封不当的问题。

右：重新校正后的框架应当再次通过发泡胶固定。发泡胶的膨胀系数很大，一定要超出缝隙空间以保证完全填充。注意待完全干燥后约48h后，再用美工刀将多余发泡胶裁切掉。

▲ 检查排水孔　　　　　　　▲ 检查窗框贴纸完好且无损坏　　　　▲ 撕掉包装贴纸

左：检查排水孔是否畅通，检查门窗开启、关闭是否顺畅，检查整体密封是否到位，最后再安装各种五金件。

中：对于浅色铝合金型材，安装初期要确保型材上的包装贴纸呈完整状态，以防型材受到污染或出现破损。

右：在安装施工全部完成后3天内必须撕掉包装贴纸。由于有的贴纸在安装之后不易撕掉，因此在安装的同时应当撕掉。

参考文献

[1] 住房和城乡建设部标准定额研究所.建筑门窗与门窗配件标准汇编.北京：中国标准出版社，2011.

[2] 李继业，韩梅，张伟.门窗、隔断、隔墙工程施工与质量控制要点·实例.北京：化学工业出版社，2017.

[3] 杜继予.现代建筑门窗幕墙技术与应用——2018科源奖学术论文集.北京：中国建材工业出版社，2018.

[4] 王波，孙文迁.建筑节能门窗设计与制作.北京：中国电力出版社，2016.

[5] 阎玉芹，李新达.铝合金门窗.北京：化学工业出版社，2015.

[6] 宋秋芝.玻璃镀膜技术.北京：化学工业出版社，2013.

[7] 朱晓喜，杨安昌.图解系统门窗节能设计与制作.北京：机械工业出版社，2018.

[8] 刘缙.平板玻璃的加工.北京：化学工业出版社，2010.

[9] 汪泽霖.玻璃钢原材料及选用.北京：化学工业出版社，2009.

[10] 徐志明.平板玻璃原料及生产技术.北京：冶金工业出版社，2012.